つまずきをなくす 小4 〔改訂版〕 算数 計算

【わり算・小数・分数】

西村則康

実務教育出版

はじめに

学校のテストで 70 点は取れる、でも、なかなか 100 点が取れない。そんな子どもたちへ

ご好評をいただいている本書「つまずきをなくす　算数」シリーズを、学習指導要領の改変に合わせて改訂しました。

この問題集は、小学校の学習で少しつまずいているか、いままさにつまずきつつある子どもたちを思い浮かべながら作りました。計算の手順が急に複雑になりけた数も多くなる小学４年生には、いままさにつまずきつつある子どもたちが多いのです。

算数の計算学習は、算数のいろいろな問題を解くための基盤になります。“文章題が解けない”や“図形問題が解けない”原因が、実は計算力の不足であることは珍しくありません。

そして、算数学習のつまずきは、そのまま放っておくと他の教科の自信喪失につながり、勉強全体のやる気喪失にもつながっていきます。ところが、計算のつまずきの多くは、ミスで片付けられてしまうような些細なことが多いのです。でも、その些細なことがいつの間にか積み重なり、算数嫌いの原因を作ります。

算数の計算学習の最終目標は、「わかる」ことではなく、「いつでも正しく使える」ようにすることです。正しい考え方を理解して、正しい書き方を知ることから始め、何回かの練習をすることで、「いつでも正しく使える」ようになります。

本書は、下記の３つの事柄にこだわっています。

❶ 正しい書き方を知ることで、少ない練習量でミスを減らすことができる。
❷ 正しい考え方を知ることで、文章題や図形問題への利用をスムーズにする。
❸ 子どもたちが起こしやすいミスの 80%をカバーする。

本書は、「つまずきをなくす説明」で正しい考え方を知ってもらい、「つまずきをなくすふり返り」で正しい計算の仕方を確認して、「つまずきをなくす練習」で正しい計算方法が定着をするようにしています。ですから、いきなり練習問題から始めることはお勧めできません。単元毎に順を追って学習を進めてください。

保護者の方へのお願い

この問題集は、説明のページ（つまずきをなくす説明）をじっくりと読むことから始めさせてください。その後、空欄を埋めながら、正しい考え方や計算の仕方を自然に身につけてもらえるように工夫しています。早く終わらせることを目標にせず、落ち着いてじっくりと解き進めるように、お子様にアドバイスをしてあげてください。

本書を利用することで、計算が大好きな子どもが一人でも多くなることを、心から願っています。

2020 年 9 月　西村則康

小学４年生の算数

つまずきをなくす学習のポイント

４年生の算数、計算の特徴は、３年生までとくらべて一気に複雑さが増すということです。「9 歳の壁（10 歳の壁）」という言葉がありますが、小学３年生～４年生くらいから、子どもは抽象的な概念を理解することができるようになると言われており、算数という科目の学習内容も、それに合わせるように、この年齢からぐんと難しくなるのです。

わり算の筆算はけた数が増え、大きな数をわる、大きな数でわる計算がどんどん出てくるようになります。小数の計算も、より本格的になってきます。筆算が上下に長いものになると、数字を上下でそろえるのが不安定になり、右や左にずれたりして計算の正答率が急に下がるお子さんも多くなります。筆算を書き慣れてくる年齢だからこそ、改めてきちんと書く、ということを徹底したい学年なのです。

きちんと書く練習をしてもらうために、マス目の計算欄をつけています。タテとヨコをそろえて書いてもらうためです。後は、「数字の大きさをそろえて書く」ことと、くり上がりやくり下がりの数字を小さく書くことを意識してもらえば、より効果的です。

扱う数のけた数が「億」「兆」まで広がり、計算の手順が複雑になってくると、これまで位取りやくり上がり、くり下がりなどの操作を「大雑把」にしていたお子さんは、つまずくことが多くなります。それまで多くの子が満点だった学校での計算テストの点数も、できている子とつまずいている子とでは大きな開きが出るようになるのです。具体的なつまずきのパターンとしては、

- 数字を読み書きしたときに０の個数をいいかげんに扱い、答えのけたがずれてしまう
- くり上がる数字の書き方が大きい、または位置が悪く、答えの数字と見間違ってしまう
- ２けた、３けたくり上がる、くり下がる場合、手順が不安定なので間違えやすくなる

といったものがあります。

小数の計算においては、かけ算の筆算とたし算、ひき算の筆算の違いがあやふやで、筆算を書くときに小数点をそろえるのか、数字の右端をそろえるのかが、いいかげんになるお子さんも目立ちます。答えにつける小数点の位置も、たし算、ひき算の場合、かけ算の場合、わり算の場合それぞれに関して、きちんと覚えておきたいですね。

２けたでわる計算では、これまでにはなかったような大きな数があまる場合も出てきます。はじめは違和感があるかもしれませんが、慣れるまで問題を解きこんで、わる数とあまりの関係（わる数>あまり）を体にしみつかせておきましょう。そのために、あまりが出たときに「本当にこの数があまりでいいのかな」と、わる数をもう一度確認する習慣をつけたいものです。四捨五入によってがい数で答えを出す問題も、４年生ではじめて出て

きます。求めたい答えより１つ下のけたまで計算すること、実際の四捨五入の作業のしかたなどもしっかり身につけておかなければなりませんね。

分数も、３年生のときとは違い、仮分数と帯分数を両方含んだたし算やひき算、大きさくらべなど、正しい計算、複雑な作業を正確にできること、分数の意味と仕組みを正しく理解していることが求められます。

四則計算が混ざった式では、計算順序のきまりを正しく理解し、正確に処理することが大切です。１問の計算に答えるために複数の処理を順を追って行うことになるため途中で順序を見失いやすいですが、計算にとりかかる前に全体の計算順序の見通しを立てて書くようにすることで、見通しよく計算することができます。

およその数についても学習します。この単元では四捨五入などの操作を正しく行うことが大切です。一方で他の計算、たとえば 6386 ÷ 31 などを行う際に、先に「6386 はおよそ 6000、31 はおよそ 30 だから 6000 ÷ 30 ＝ 200 に近そうだ」などと見当づけをする習慣をつけることで、万が一「26」（正解は 206）などといった答えを出してしまった場合に間違いに気づくことができるようになります。

このように、３年生までとくらべて計算のけた数、扱う分野の種類が増え、１つ１つの計算も非常に複雑になること、小数や分数など抽象度の高い単元の計算が本格化することが、４年生の計算の最大の特徴です。くり返しになりますが、それぞれの計算の意味と仕組みを深く理解すること、そして複雑な作業を速く、正しくできるように訓練しておくことが大切です。

５年生になると、わる数が小数の計算など、４年生よりもさらに複雑なものが出てきます。分数の単元では通分、約分を含んだ計算など、倍数や約数の概念を正しく理解していなければならないものも登場しますね。そして、その小数や分数、整数を混合した計算、四則混合計算なども多くなってきます。４年生の小数や分数の計算において、計算の意味や仕組みを考える習慣を身につけ、５年生の計算にスムーズに移行できるようにしておきたいですね。

【保護者の方へ】

文部科学省の学習指導要領には、わり算の筆算の書き順、かけ算の筆算内での「かけられる数」と「かける数」の順序、くり上がる数の書く位置や大きさなどについて、特に「○○のようにします」のような記載はありません。教科書においても、教科書会社ごとの独自ルールとなっています。そのため、本書では、計算でお困りのお子さんにとって最もわかりやすいであろう、ミスがなくなるであろうと考えられる書き方を採用しています。もし、お子さんが「学校で習った書き方と違う」と戸惑っておられましたら、「学校のやり方でもかまわないよ」「ミスがなくなる書き方だから、一度挑戦してみない？」などのお声かけをしていただければ幸いです。

この本の特色と使い方

つまずきをなくす説明

計算方法と間違えやすい点について丁寧な説明がありますので、計算に不安があるお子さんはもちろん、はじめて計算方法を学ぶお子さんでも、1人で無理なく取り組むことができます。

つまずきをなくすふり返り

計算のポイントをお子さんが書き込んで確認することで、「つまずきをなくす説明」と同じ計算パターンの問題が定着できるように工夫されています。また、「つまずきをなくす説明」では取り扱わなかった、間違えやすい問題も用意されています。

つまずきをなくす練習

「やってみよう」は「つまずきをなくす説明」と「つまずきをなくすふり返り」で学んだ計算方法を練習します。この部分で間違えたときは「つまずきをなくす説明」や「つまずきをなくすふり返り」に戻ってみましょう。「たしかめよう」はこの単元のまとめ問題です。定着度を確かめるようにしましょう。「書いてみよう」は学んだ計算を利用する文章問題です。「たしかめよう」までができるようになれば、文章問題にも挑戦してみましょう。そして、「つまずきをなくす練習」の右ページには「マス目ノート」を用意しました。はじめて取り組むお子さんは、下のような使い方をしてみてください。
また、［次の計算をしましょう。 ／8］には、正解した問題数を書いてあげてください。

(1)
$$\begin{array}{r} 4.7 \\ +\ 0.6 \\ \hline 5.3 \end{array}$$

(2)
$$\begin{array}{r} 7.2 \\ +\ 2.8 \\ \hline 10.0 \end{array}$$

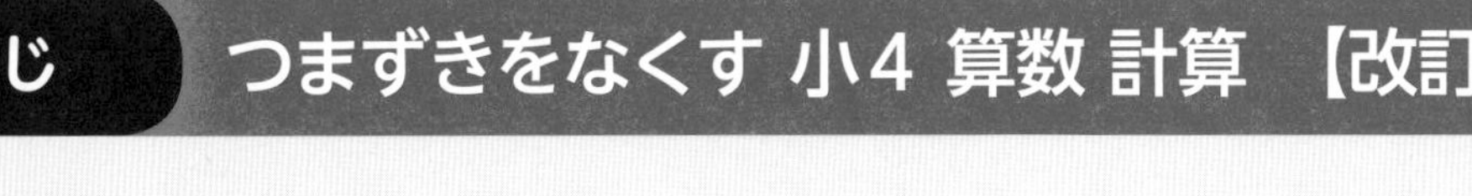

もくじ　つまずきをなくす 小4 算数 計算 【改訂版】

CHAPTER 1

整数

CHAPTER 2

わり算

CHAPTER 3

小数

CHAPTER 4

分数

CHAPTER 5

計算のきまり

CHAPTER

整数

小4 1 大きな数

1万を10000個集めた数を1億、
1億を10000個集めた数を1兆といいます

001 35060000000 を漢数字で表しましょう。

右から4けたごとに区切って考えます。

350 | 6000 | 0000
　　億　　　万

1億が350個と、1万が6000個集まった数なので、漢数字で表すと、三百五十億六千万となります。

答え：三百五十億六千万

002 40007000003000 を漢数字で表しましょう。

右から4けたごとに区切ると次のとおりです。

40 | 0070 | 0000 | 3000
　兆　　　億　　　万

1兆が40個、1億が70個、1が3000個集まった数なので、漢数字で表すと、四十兆七十億三千です。

答え：四十兆七十億三千

ポイント

大きな数を読むときは、右から順(じゅん)に４けたごとに区切って考えるようにします。

003　八十三億(おく)二千四十万 を数字で表しましょう。

「億(おく)」「万」に気をつけて、下のように４けたずつ区切ったマス目に入れると、次のようになります。

		8	3	2	0	4	0	0	0	0	0
			億(おく)				万				

数字で表すと、8320400000 です。

答え：8320400000

004　七百八兆(ちょう)六十億(おく)三百 を数字で表しましょう。

「兆(ちょう)」「億(おく)」に気をつけて、下のように４けたずつ区切ったマス目に入れると、次のようになります。

	7	0	8	0	0	6	0	0	0	0	0	0	3	0	0
			兆(ちょう)				億(おく)				万				

数字で表すと、708006000000300 です。

答え：708006000000300

小4-1 大きな数

の中に入る数字や言葉を考えて入れてみましょう

005 320080040000 を漢数字で表しましょう。

右から4けたごとに区切りを入れてみましょう。

320080040000

漢数字で表すと、　　　　　　です。

答え：三千二百億八千四万

006 40000003025000 を漢数字で表しましょう。

右から4けたごとに区切りを入れてみましょう。

40000003025000

漢数字で表すと、　　　　　　です。

答え：四十兆三百二万五千

007 二百七十億九万 を数字で表しましょう。

「億」「万」に気をつけて、下のマス目に数字を入れてみましょう。

億　　　　万

数字で表すと、　　　　　　　です。

答え：27000090000

008 八兆七千三十億四 を数字で表しましょう。

「兆」「億」に気をつけて、下のマス目に数字を入れてみましょう。

答え：8703000000004

小4-1 大きな数

次の数を漢数字で表しましょう。 ／5

009 7230000000

＿＿＿＿＿＿＿＿＿＿

010 35004002000

＿＿＿＿＿＿＿＿＿＿

011 2400500800000

＿＿＿＿＿＿＿＿＿＿

012 435030800000000

＿＿＿＿＿＿＿＿＿＿

013 6000000300008

＿＿＿＿＿＿＿＿＿＿

次の漢数字を数字で表しましょう。　／5

014 十八億(おく)二千万

＿＿＿＿＿＿＿＿

015 七百億(おく)六十万

＿＿＿＿＿＿＿＿

016 二千五百億(おく)五百八

＿＿＿＿＿＿＿＿

017 六兆(ちょう)九百八億(おく)七千九百万

＿＿＿＿＿＿＿＿

018 千六兆(ちょう)五十万四百

＿＿＿＿＿＿＿＿

たしかめよう

次の数字は漢数字に、漢数字は数字に直しましょう。 ／6

019 30500400080000

020 700000000003

021 4380300500000300

022 六百二十兆（ちょう）八十五億（おく）

023 九千二億（おく）五十万三十八

024 三千兆（ちょう）六百万二

計算などに使いましょう。

小4 2 およその数

およその数のことを「がい数」といいます。ある数をがい数にするには「切り捨て」「切り上げ」「四捨五入」の3つの方法があります

025 54387を次の3つの方法で上から2けたのがい数にしましょう。

❶ 切り捨て　❷ 切り上げ　❸ 四捨五入

❶ 切り捨て

上から2けた目までを残し、そこから下の位の数をすべて0にすればよいので、54000です。

54387（387を0にする）→ 54000

❷ 切り上げ

上から2けた目の数を1大きくし、そこから下の位の数をすべて0にすればよいので、55000です。

54387（4を1大きくする、387を0にする）→ 55000

❸ 四捨五入

1つ下にある「上から3けた目」の数が
0、1、2、3、4のときは切り捨て
5、6、7、8、9のときは切り上げ
をします。上から3けた目は3なので、切り捨てをして54000です。

54387（3→切り捨て）→ 54000

答え：❶ 54000　❷ 55000　❸ 54000

ポイント

がい数にするときには、求めたい位の１つ下の位の数に注目します。

026 四捨五入して千の位までのがい数にしたとき、67000 になる整数のはんいを「以上」「以下」という言葉を使って答えましょう。

千の位までのがい数にしたということは、百の位を四捨五入したということです。最も小さい数は、66■□□から切り上げをした場合です。

66■□□ —切り上げ→ 67000
（■：5～9）

切り上げをするのは、百の位の■が 5 ～ 9 のとき➡一番小さい数は 5 ！
…■には 5 が入ります（665 □□）。
最も小さい数になるのは、下の位の□□にどんな数を入れたとき？
➡一番小さい整数 0 を入れたとき！　…最も小さい数は 66500

最も大きい数は、67■□□から切り捨てをした場合です。

67■□□ —切り捨て→ 67000
（■：0～4）

切り捨てをするのは、百の位の■が 0 ～ 4 のとき➡一番大きい数は 4 ！
…■には 4 が入ります（674 □□）。
最も大きい数になるのは、下の位の□□にどんな数を入れたとき？
➡一番大きい１けたの整数 9 を入れたとき！　…最も大きい数は 67499

答えは 66500 以上 67499 以下です。

答え：66500 以上 67499 以下

つまずきをなくす
ふり返り

小4-2 およその数

027 8374を次の3つの方法で百の位までのがい数にしましょう。
❶ 切り捨て　❷ 切り上げ　❸ 四捨五入

百の位までのがい数にするには、1つ下にある［　　］の位の数に注目します。

❶ 切り捨て

百の位までを残し、そこから下の位の数をすべて0にすればよいので、［　　　　］です。

8374
↓ 0にする
8300

❷ 切り上げ

百の位の数を1大きくし、そこから下の位の数をすべて0にすればよいので、［　　　　］です。

8374
↓ 1大きくする　0にする
8400

❸ 四捨五入

1つ下にある十の位の数が7なので
切り上げ・切り捨て をして［　　　　］です。

8374
↓ 7→切り上げ
8400

答え：❶ 8300　❷ 8400　❸ 8400

028 469708を四捨五入で上から3けたのがい数にしましょう。

上から4けた目の数は7なので 切り上げ・切り捨て をします。上から3けた目の数は9なので、1をたすと10になってしまいます。このようなときは、右のようにその1つ上の位に1をくり上げます。

答えは［　　　　］です。

469708
↓ 1大きくする　7→切り上げ
470000

答え：470000

029 四捨五入して整数にしたとき、8になる数のはんいを求めましょう。

四捨五入して整数にしたということは、小数第［　］位の数を四捨五入したということです。

最も小さい数は7.■□…から切り上げをした場合です。

7.■□… ─切り上げ→ 8
（■：5～9）

切り上げをするとき、■に当てはまる数で一番小さいのは？➡［　］
最も小さい数になるのは、下の位の□…にどんな数を入れたとき？
➡すべて0を入れる！　…最も小さい数は［　　］とわかります。

最も大きい数は8.■□…から切り捨てをした場合です。

8.■□… ─切り捨て→ 8
（■：0～4）

切り捨てをするとき、■に当てはまる数で一番大きいのは？➡［　］
最も大きい数になるのは、下の位の□…にどんな数を入れたとき？
➡すべて9を入れると、8.49999…とずっと9が続いてしまいます。

このような場合は未満という言葉を使います。

6以下というと6も入るけど、
6未満だと6は入らないよ

8.49999…ということは8.5はふくまれないので、8.5未満と表すことができます。
答えは7.5以上8.5未満です。

答え：7.5以上8.5未満

つまずきをなくす
練習

小4-2 およその数

030 53827を❶切り捨て、❷切り上げ、❸四捨五入の3つの方法で、上から2けたのがい数にしましょう。

／3

❶ ＿＿＿＿ ❷ ＿＿＿＿ ❸ ＿＿＿＿

031 483480を❶切り捨て、❷切り上げ、❸四捨五入の3つの方法で、上から3けたのがい数にしましょう。

／3

❶ ＿＿＿＿ ❷ ＿＿＿＿ ❸ ＿＿＿＿

032 8718を❶切り捨て、❷切り上げ、❸四捨五入の3つの方法で、百の位までのがい数にしましょう。

／3

❶ ＿＿＿＿ ❷ ＿＿＿＿ ❸ ＿＿＿＿

033 79703を❶切り捨て、❷切り上げ、❸四捨五入の3つの方法で、千の位までのがい数にしましょう。

／3

❶ ＿＿＿＿ ❷ ＿＿＿＿ ❸ ＿＿＿＿

次の □ に当てはまる数を答えましょう。　／10

034 四捨五入(ししゃごにゅう)して上から2けたのがい数にしたとき、7400になる整数のはんいは □ 以上(いじょう) □ 以下(いか)です。

035 四捨五入(ししゃごにゅう)して上から1けたのがい数にしたとき、30000になる整数のはんいは □ 以上(いじょう) □ 以下(いか)です。

036 四捨五入(ししゃごにゅう)して百の位(くらい)までのがい数にしたとき、5500になる整数のはんいは □ 以上(いじょう) □ 以下(いか)です。

037 四捨五入(ししゃごにゅう)して十の位(くらい)までのがい数にしたとき、600になる整数のはんいは □ 以上(いじょう) □ 以下(いか)です。

038 四捨五入(ししゃごにゅう)して整数にしたとき、17になる数のはんいは □ 以上(いじょう) □ 未満(みまん)です。

たしかめよう

次の □ に当てはまる数を答えましょう。　／7

039 43962 を四捨五入(ししゃごにゅう)により、上から 2 けたのがい数にすると □ です。

040 8249 を切り上げにより、上から 2 けたのがい数にすると □ です。

041 77963 を切り捨(す)てにより、百の位(くらい)までのがい数にすると □ です。

042 397053 を四捨五入(ししゃごにゅう)により、万の位(くらい)までのがい数にすると □ です。

043 68.7 を四捨五入(ししゃごにゅう)により、十の位(くらい)までのがい数にすると □ です。

書いてみよう

044 四捨五入(ししゃごにゅう)により上から 2 けたのがい数にしたとき、4900 になる整数のはんいを「以上(いじょう)」「以下(いか)」という言葉を使って答えましょう。

＿＿＿＿＿＿＿＿＿＿

045 四捨五入(ししゃごにゅう)により小数第 1 位(い)までのがい数にしたとき、6.8 になる数のはんいを「以上(いじょう)」「未満(みまん)」という言葉を使って答えましょう。

＿＿＿＿＿＿＿＿＿＿

計算などに使いましょう。

ピキ君とニャンキチ君が、同じ問題を解きました。

文ぼう具屋さんで、189円の分度器と533円のコンパスを買いたいと思います。百円玉だけを持って買い物に行くとすると、百円玉を何枚持っていけばよいですか。

ピキ君

なるべく近い金額になるように持っていきたいから、四捨五入して百の位までのがい数にしてから計算するといいね。

ニャンキチ君

お金が足りなくなると買えないから、切り上げをして百の位までのがい数にしてから計算するとよさそうだニャン。

ピキ君の考え

四捨五入して百の位までのがい数にすると、

分度器　189円→200円

コンパス　533円→500円

200 + 500 = 700

700 ÷ 100 = 7

答え　7枚

ニャンキチ君の考え

切り上げをして百の位までのがい数にすると、

分度器　189円→200円

コンパス　533円→600円

200 + 600 = 800

800 ÷ 100 = 8

答え　8枚

さて、どちらがより適切な考え方でしょうか。

答えは別冊29ページ

CHAPTER

わり算

小4 3

わり算の暗算（商が何十、何百）

数が大きいわり算の場合は
わられる数が 10 を何個集めた数か、100 を何個集めた数かで考えます。たとえば
90 ➡ 10 が 9 個
360 ➡ 10 が 36 個
800 ➡ 100 が 8 個
と考えます

046 90 ÷ 3 を計算しましょう。

わられる数 90 は 10 が何個集まった数ですか？
➡ 90 は 10 が 9 個集まった数。だから
90 ÷ 3 は 10 が 9 個 ÷ 3 と考えます。

10 が 9 個 ÷ 3
＝ 10 が 3 個
＝ 30

わられる数の 0 を無視してわり算をします

無視した 0 の数だけ答えに 0 をつけます

90 ÷ 3 ＝ 30

9 ÷ 3

答え：30

ポイント

何十、何百という数は、10が何個（なんこ）、100が何個（なんこ）と考えると、簡単（かんたん）に計算できますね。

047 $800 \div 2$ を計算しましょう。

わられる数800は100が何個（なんこ）集まった数ですか？

➡ 800は100が8個（こ）集まった数。だから

800 ÷ 2は100が8個（こ）÷ 2と考えます。

100が8個（こ）÷ 2

＝ 100が4個（こ）

＝ 400

0を2つ無視（むし）して
わり算をします

$$\boxed{8}00 \div 2 = 400$$

8 ÷ 2

わり算の答えの4に
0を2つつけます

答え：400

小4-3 わり算の暗算（商が何十、何百）

048 600 ÷ 3 を考えてみましょう。

600 ÷ 3 ➡ 600 は 100 が何個（なんこ）集まった数？

600 は 100 が □ 個（こ）

600 ÷ 3 ＝ 100 が □ 個（こ）÷ □

＝ 100 が □ 個（こ）

＝ □

0を □ つ無視（むし）して
わり算をします

わり算の答えの □ に
0を □ つつけます

600 ÷ 3 ＝ □

6 ÷ 3

答え：200

049 360 ÷ 9 を考えてみましょう。

360 ÷ 9 ➡ 360 は 10 が何個（なんこ）集まった数？

360 は 10 が [　　] 個（こ）

360 ÷ 9 ＝ 10 が [　　] 個（こ）÷ [　]

＝ 10 が [　] 個（こ）

＝ [　　]

0 を [　　] つ無視（むし）して
わり算をします

360 ÷ 9 ＝ [　　]

36 ÷ 9

わり算の答えの [　　] に
0 を [　　] つつけます

答え： 40

小4-3 わり算の暗算（商が何十、何百）

次の計算をしましょう。　／10

050 $900 \div 3 =$ ＿＿＿＿

051 $60 \div 2 =$ ＿＿＿＿

052 $270 \div 9 =$ ＿＿＿＿

053 $350 \div 7 =$ ＿＿＿＿

054 $420 \div 6 =$ ＿＿＿＿

「10が何個」と考えるときは0を1個、「100が何個」と考えるときは0を2個取るといいんだね。640は、10が64個。800は、100が8個と考えよう

055 800 ÷ 4 =

056 640 ÷ 8 =

057 720 ÷ 9 =

058 280 ÷ 7 =

059 360 ÷ 6 =

たしかめよう

次の問題に答えましょう。　／6

060 $400 \div 2 =$

061 $600 \div 2 =$

062 $120 \div 2 =$

063 $320 \div 8 =$

064 $480 \div 6 =$

書いてみよう

065 ある小学校の全校児童（じどう）は540人で、1年生から6年生まで同じ人数です。1学年は何人でしょうか。

計算などに使いましょう。

小4 4 わり算の筆算（2けた÷1けた、3けた÷1けた）

わられる数の大きい位からわり算ができるかどうかためしていきます

066 51 ÷ 3 を計算しましょう。

❶ わられる数 51 の十の位の5に注目します。
5 ÷ 3 はできる？ ➡ できる！

最初にここに注目！

❷ 5の中に3はいくつある？
➡ 1つ！
この答えを5の真上に書きます。

5の真上に書きます

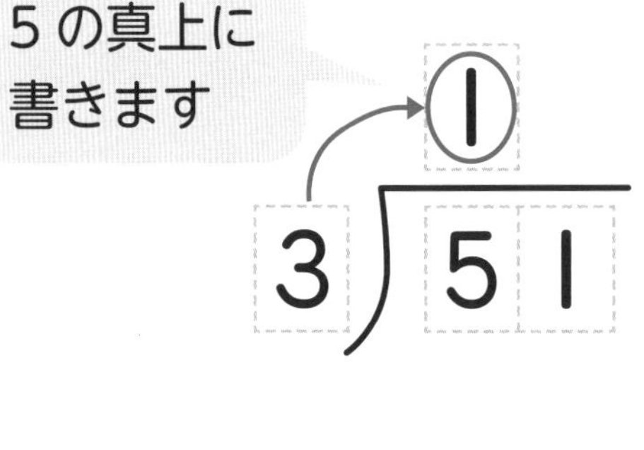

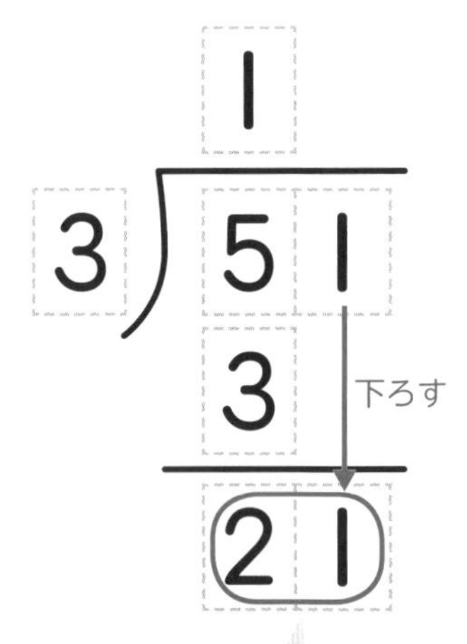

1 × 3 を計算して答えを5の下に書きます。5 − 3 の答えを書いたら、右の1を下ろそう

❸ 21の中に3はいくつある？
➡ 7つ！
$7 \times 3 = 21$ の答えを下に書いてひき算をします。

```
    1 7
3 ) 5 1
    3
    2 1
    2 1
      0
```

答え：17

けた数の大きい数をわるときは、わられる数の左の数から順(じゅん)にわれるかためしていきましょう。

067 540 ÷ 5 を計算しましょう。

❶ わられる数 540 の百の位(くらい)の 5 に注目します。
5 ÷ 5 はできる？ ➡ できる！

❷ 5 の中に 5 はいくつある？ ➡ 1 つ！

5 の真上に書きます

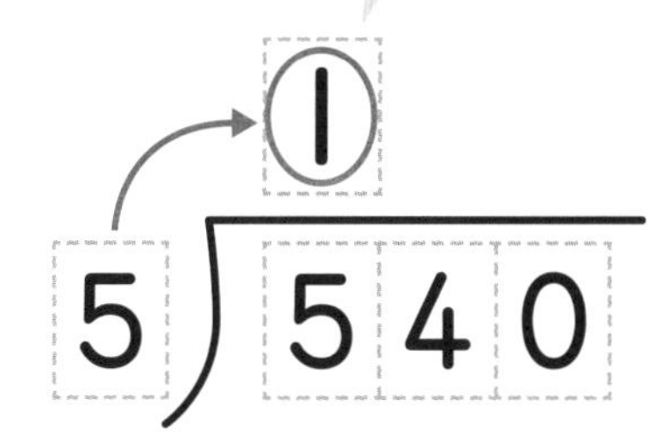

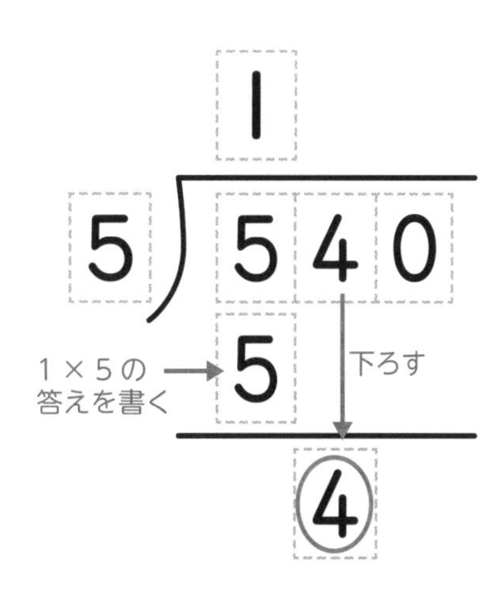

1 × 5 を計算して、ひき算をしたら、右の 4 を下ろそう

❸ 4 ÷ 5 はできる？ ➡ できない！
だから商は０です。

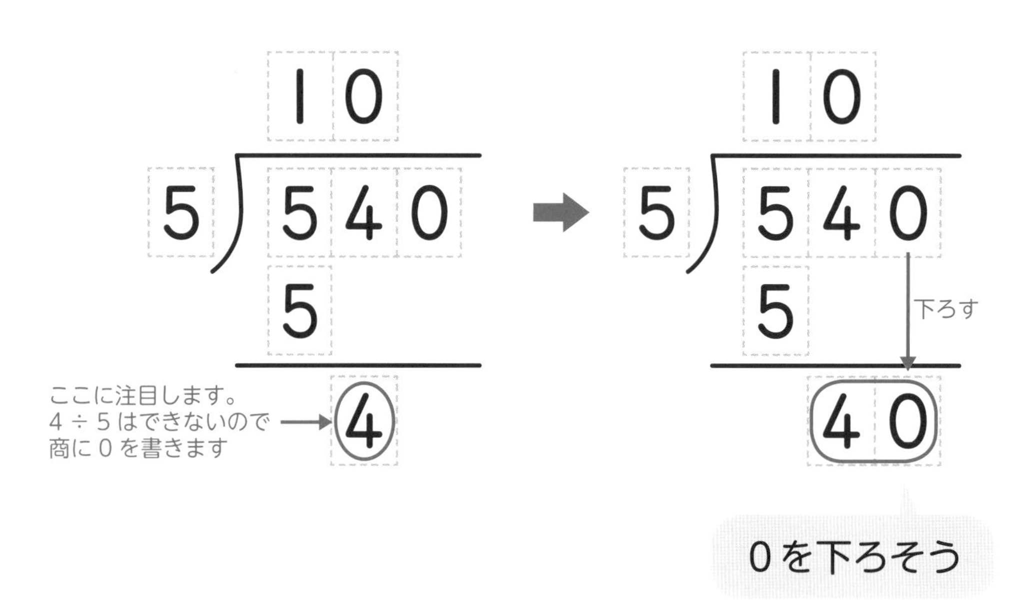

❹ 40 ÷ 5 はできる？
40 ÷ 5 = 8 なので…

```
     108
5 ) 540
    5
    ---
     40
     40  ← 8 × 5 の答えを書く
    ---
      0
```

答え：108

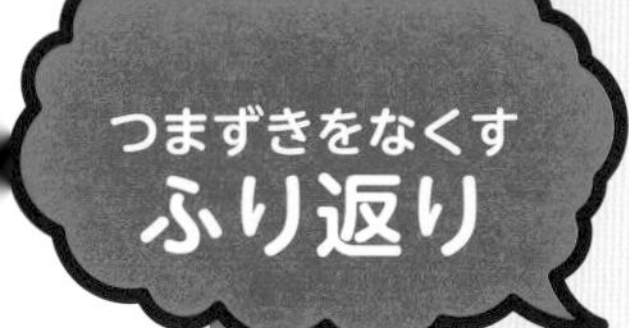

小4-4 わり算の筆算
(2けた÷1けた、3けた÷1けた)

□の中に入る数字や言葉を考えて入れてみましょう

068 84 ÷ 6 を考えてみましょう。

❶ わられる数84の十の位(くらい)の8に注目します。

8 ÷ 6 はできる？ ➡ □ ！

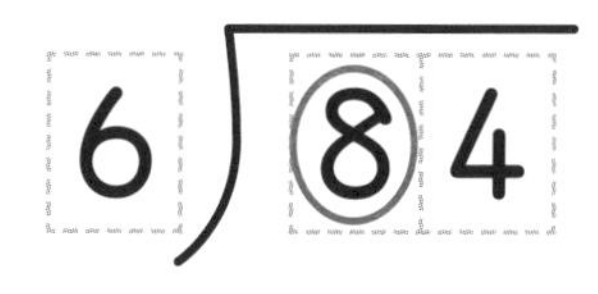

❷ 8の中に6はいくつある？ ➡ □ つ！

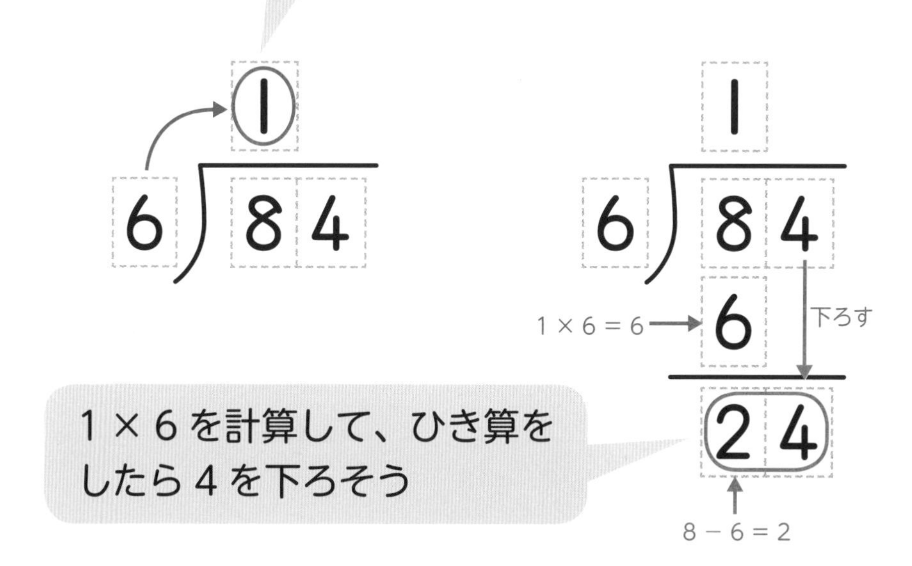

❸ 24 ÷ 6 = ?

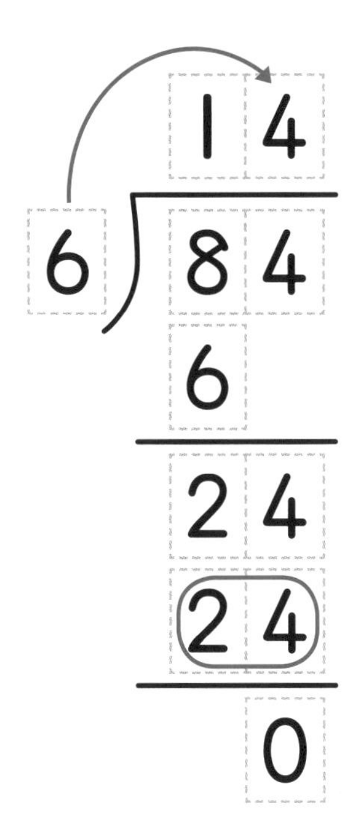

答え： 14

069 648 ÷ 3 を考えてみましょう。

❶ わられる数 648 の
百の位（くらい）の 6 に注目します。
6 ÷ 3 はできる？ ➡ できる！

3) 648

❷ 6 の中に 3 はいくつある？ ➡ □ つ！

□ の真上に書きます

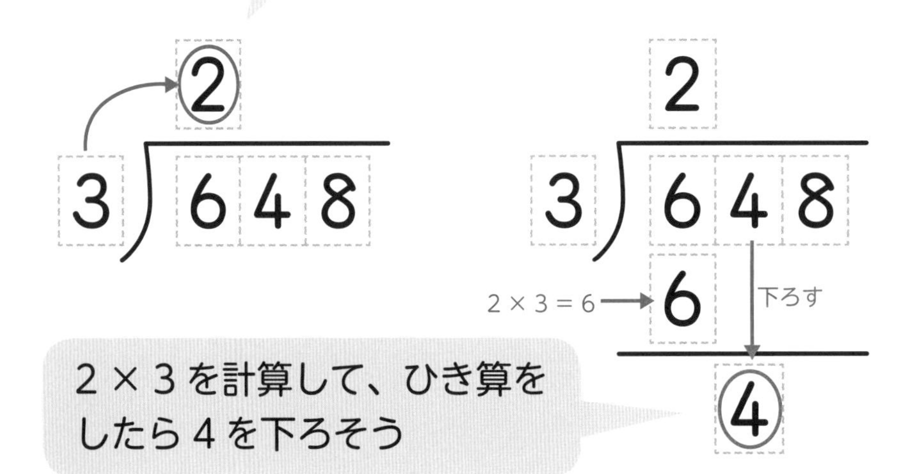

❸ 4 ÷ 3 = ?

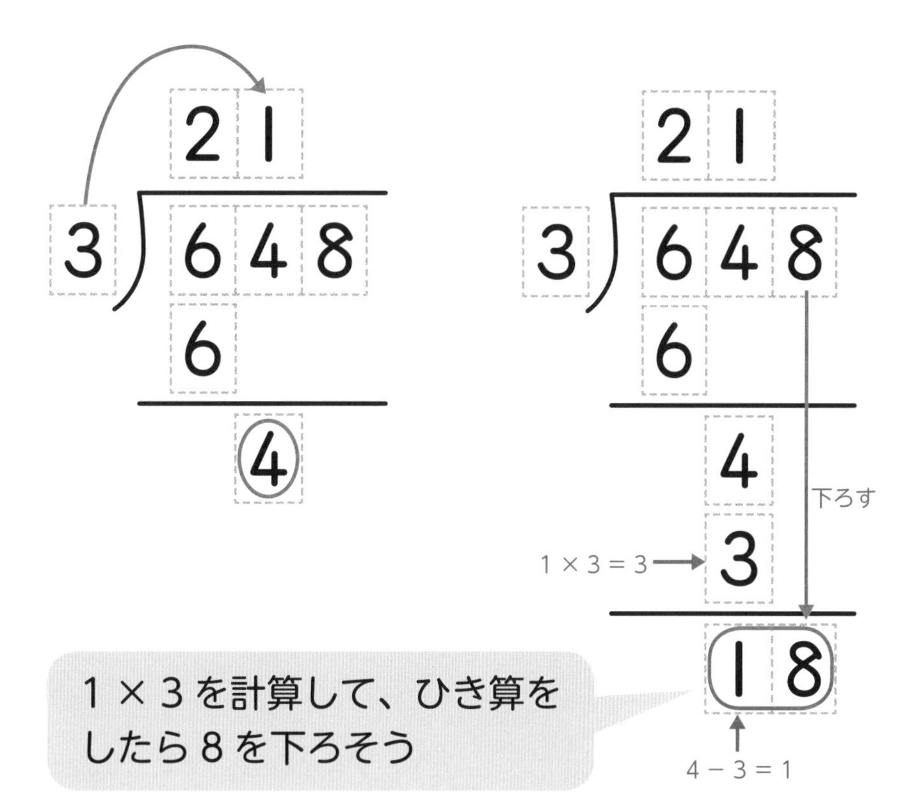

❹ 18 ÷ 3 = ?

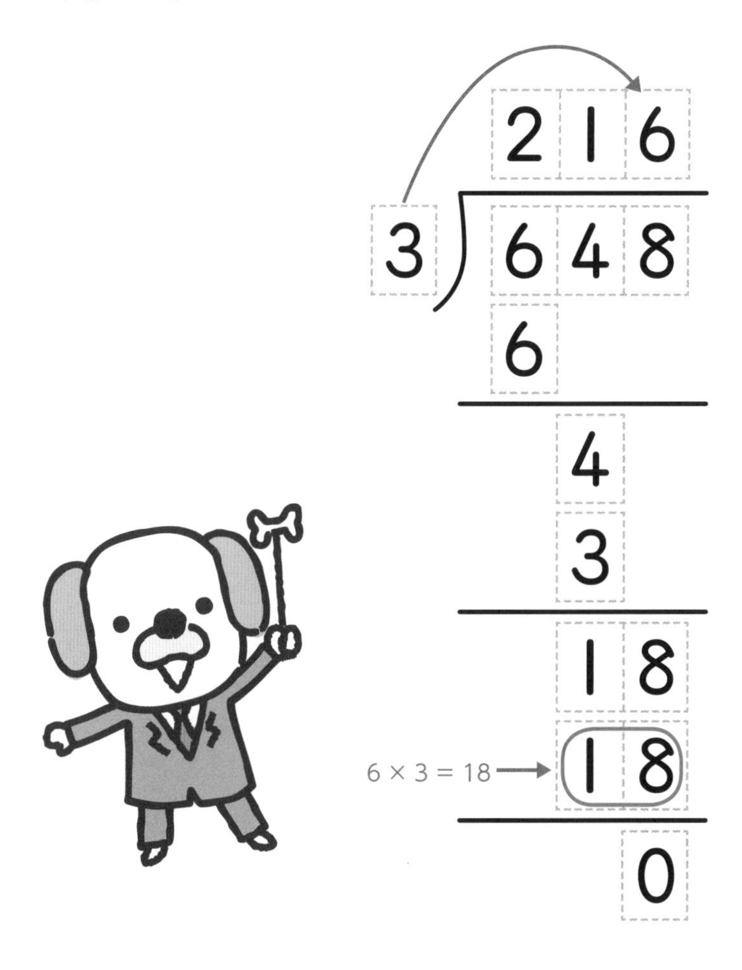

答え：216

つまずきをなくす 練習

小4-4 わり算の筆算 (2けた÷1けた、3けた÷1けた)

やってみよう

次の筆算をしましょう。 /8

070

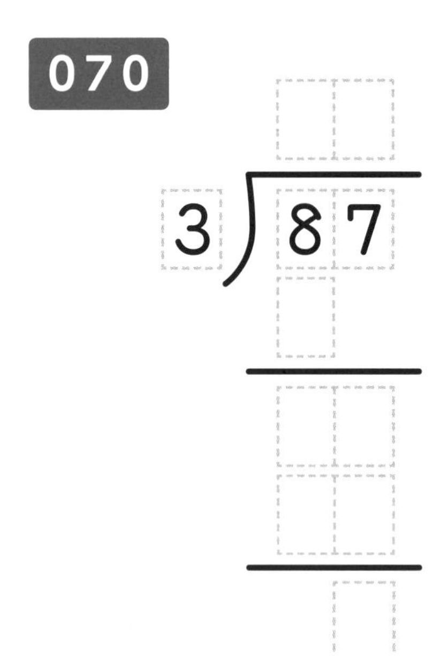

071

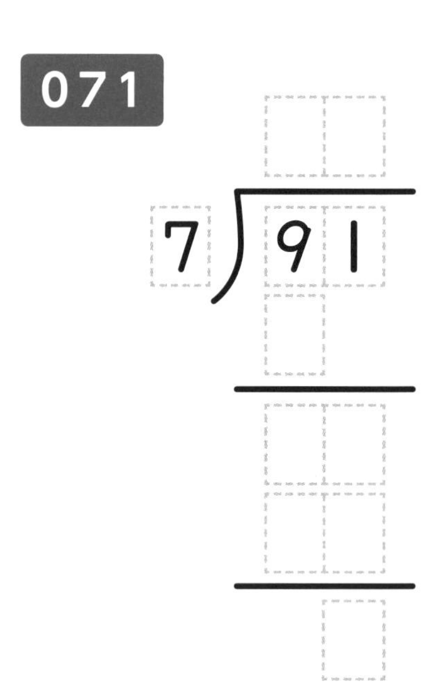

072

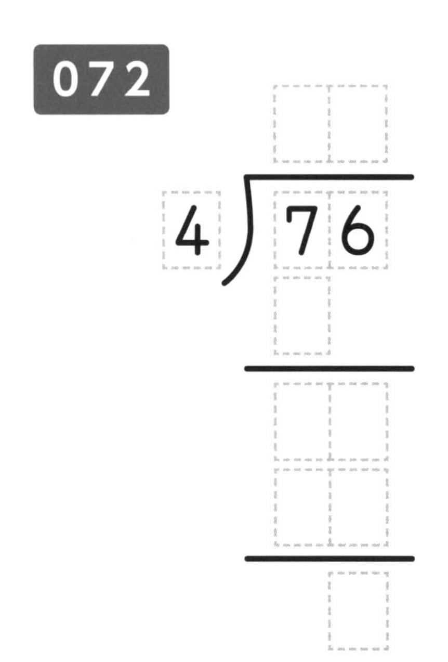

073

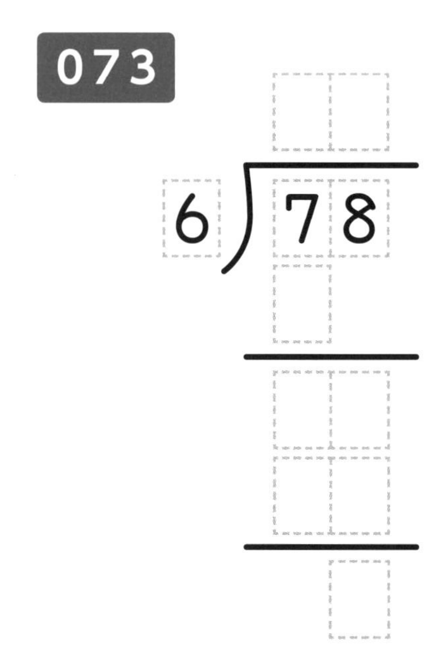

どの計算も、はじめはわられる数の一番大きい位(くらい)の数から考えよう。
たとえば、678 ÷ 3 なら、一番大きい位(くらい)の6から考えるんだ

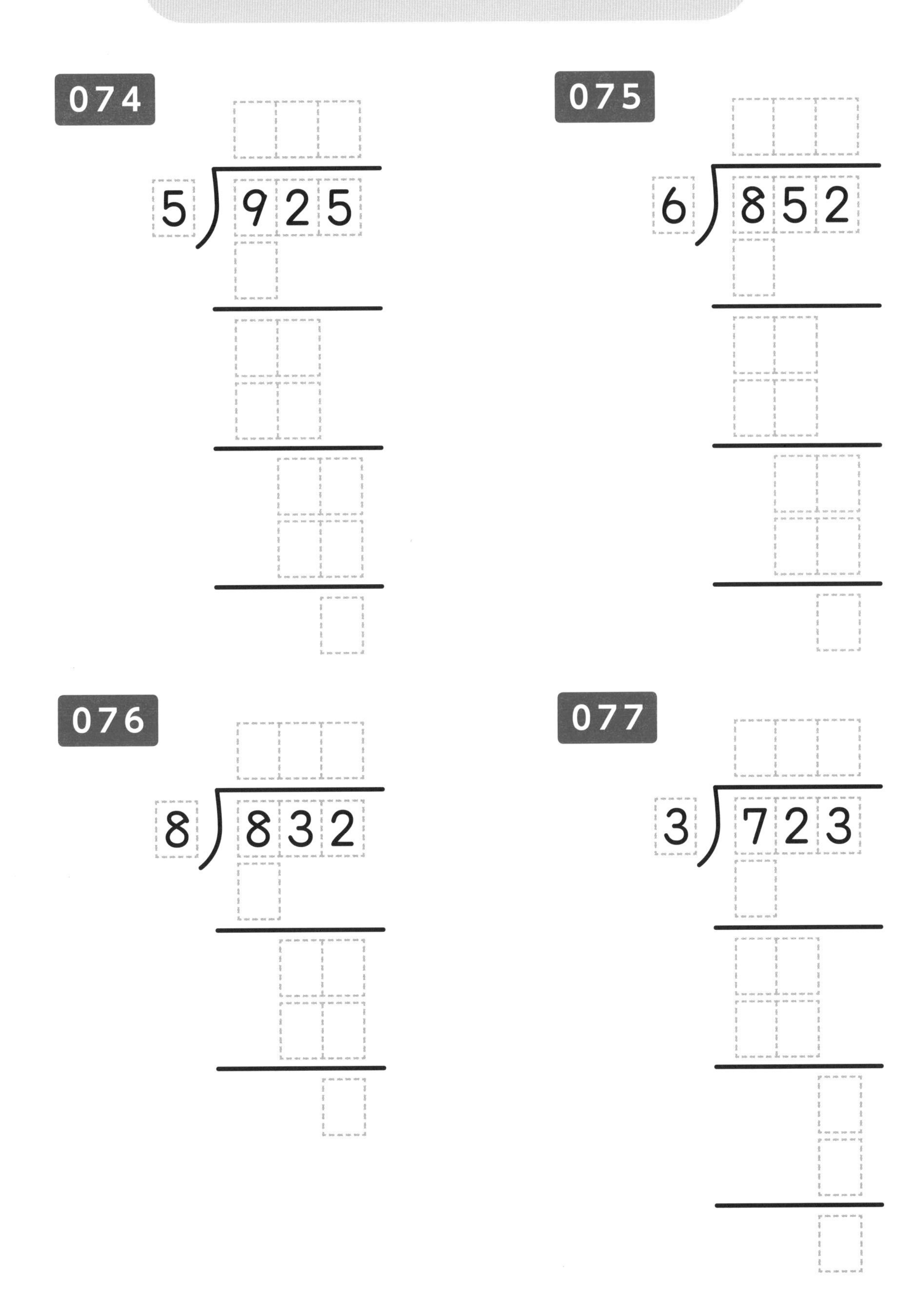

たしかめよう

次の問題に答えましょう。 ／6

078 $924 \div 7 =$ ＿＿＿＿

079 $963 \div 9 =$ ＿＿＿＿

080 $812 \div 7 =$ ＿＿＿＿

081 $456 \div 4 =$ ＿＿＿＿

082 $762 \div 6 =$ ＿＿＿＿

書いてみよう

083 378ページある本を、1日に3ページずつ読んでいくと、何日で読み終わるでしょうか。

＿＿＿＿

計算などに使いましょう。

小4 5

わり算の筆算
(2けた÷1けた、3けた÷1けた あまりあり)

わられる数の大きい位からわり算ができるかどうかためしていきます

084 75 ÷ 4 を計算しましょう。

❶ わられる数 75 の十の位の 7 に注目します。
7 ÷ 4 はできる？ ➡ できる！

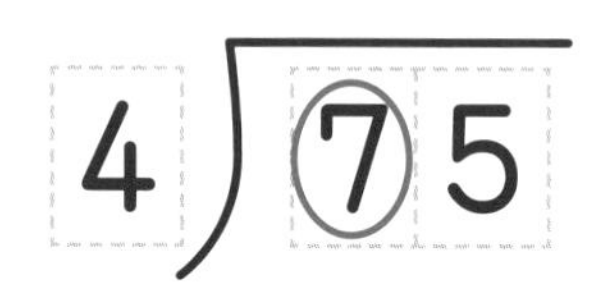

❷ 7 の中に 4 はいくつある？ ➡ 1 つ！

7 の真上に書きます

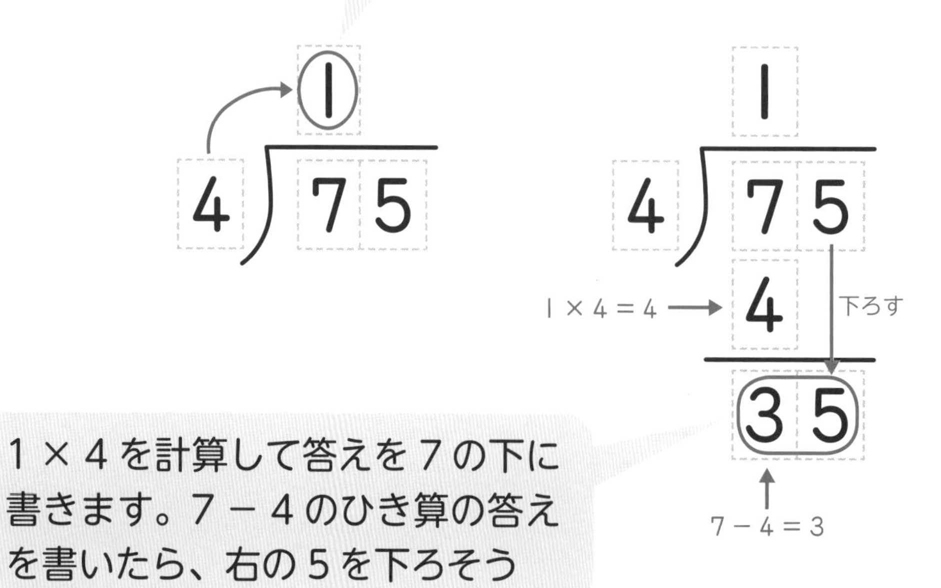

1 × 4 を計算して答えを 7 の下に書きます。7 − 4 のひき算の答えを書いたら、右の 5 を下ろそう

ポイント

けた数の大きいわり算でも、あまりのある場合があります。すべての計算がわり切れるとはかぎりませんね。

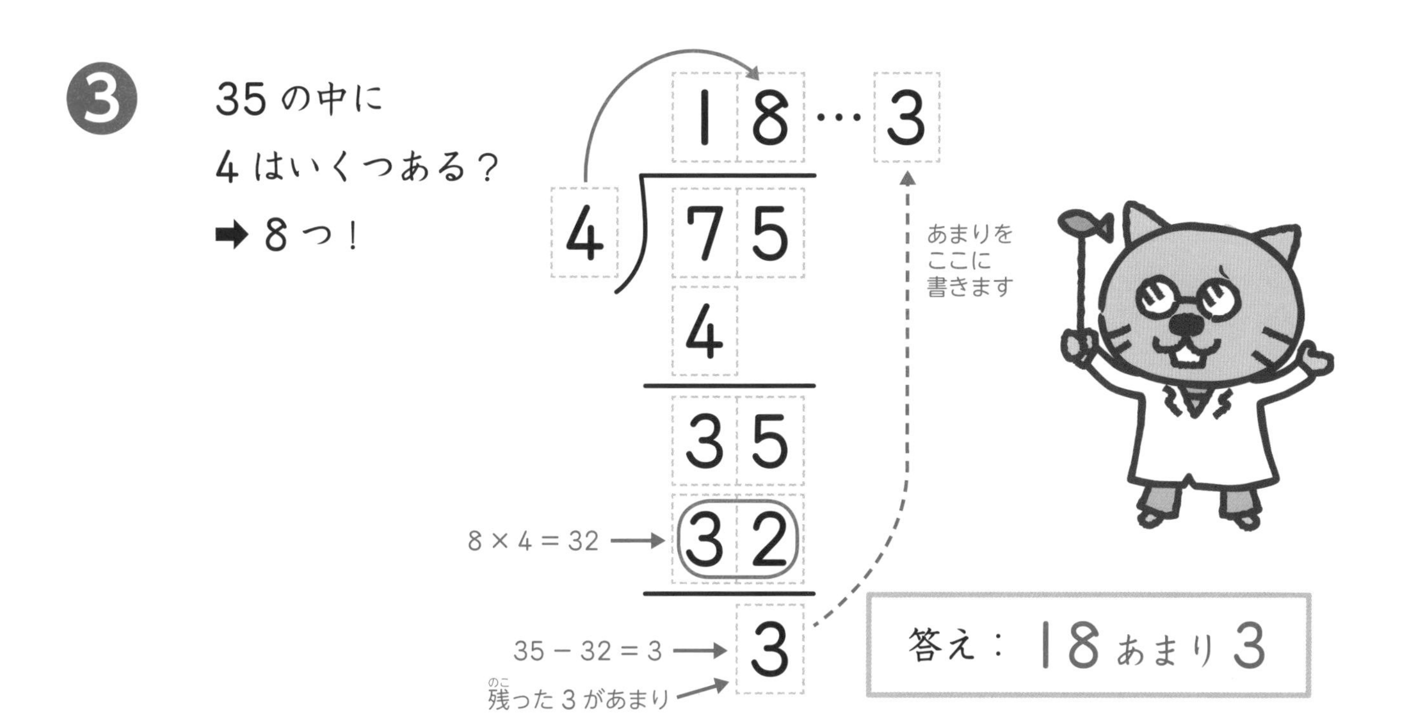

085 963 ÷ 8 を計算しましょう。

❶ わられる数 963 の百の位の 9 に注目します。

9 ÷ 8 はできる？

➡ できる！

8) 9 6 3

❷ 9 の中に 8 はいくつある？ ➡ 1 つ！

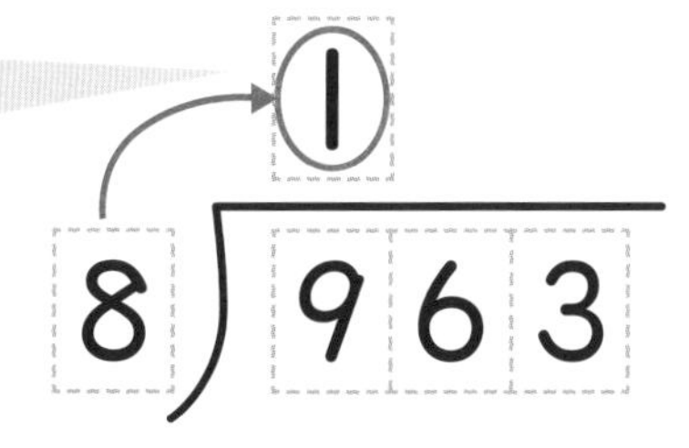

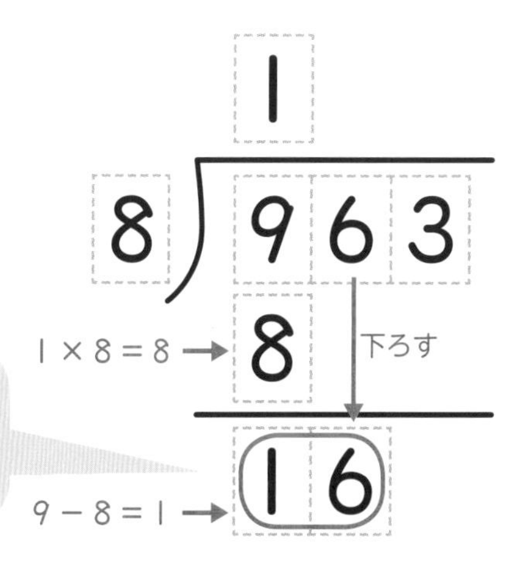

1 × 8 の答えを 9 の下に書きます。9 − 8 のひき算の答えを書いたら、右の 6 を下ろそう

❸ 16の中に8はいくつある？ ➡ 2こ！

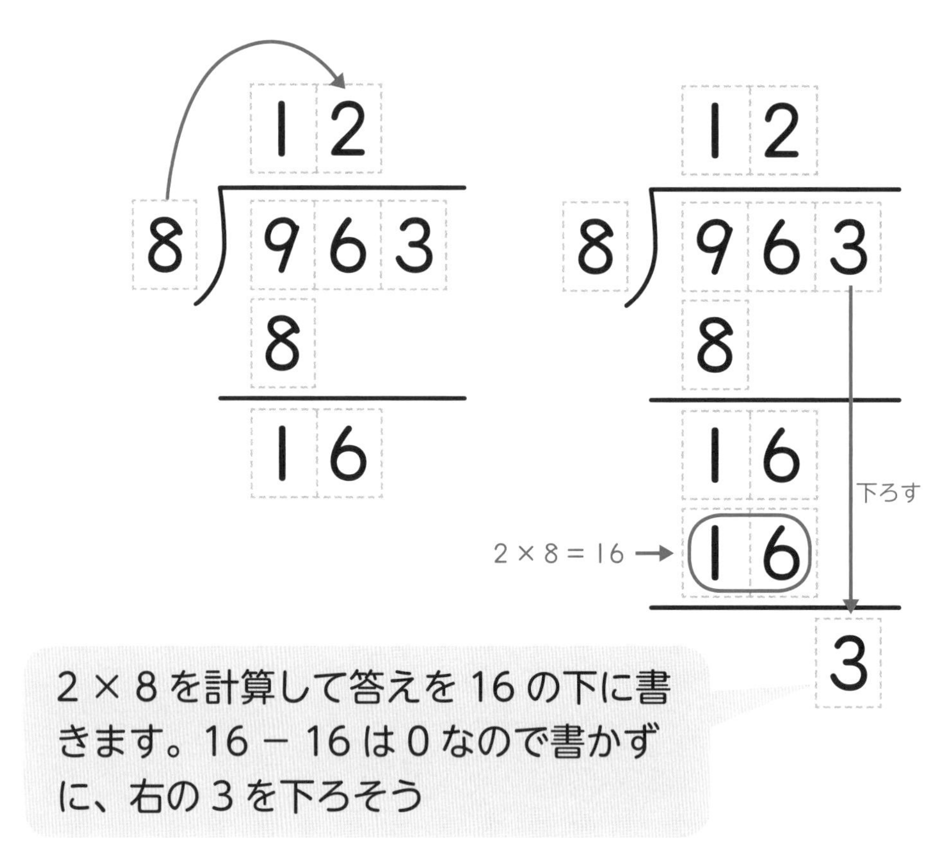

2×8を計算して答えを16の下に書きます。16－16は0なので書かずに、右の3を下ろそう

❹ 3÷8はできる？ ➡ できない！
商は0

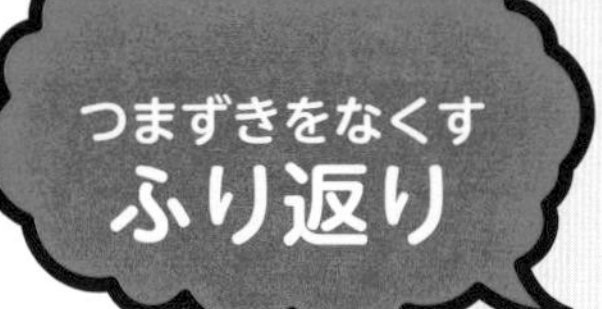

小4-5 わり算の筆算
(2けた÷1けた、3けた÷1けた あまりあり)

[　　]の中に入る数字や言葉を考えて入れてみましょう

086 97 ÷ 7 を考えてみましょう。

1 わられる数97の十の位(くらい)の9に注目します。

9 ÷ 7はできる？ ➡ [　　　]！

7)97

2 9の中に7はいくつある？ ➡ [　]つ！

[　]の真上に書きます

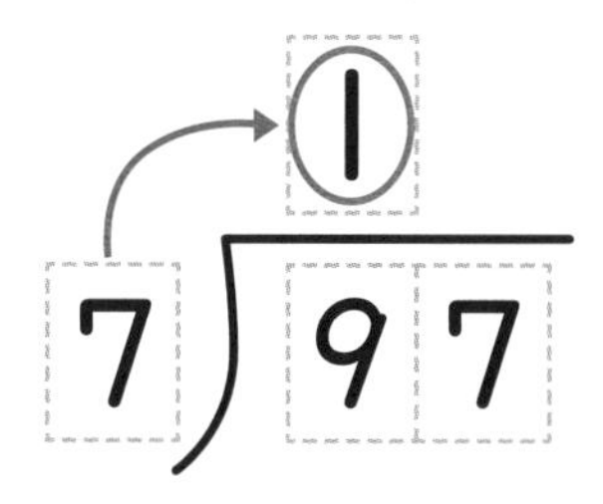

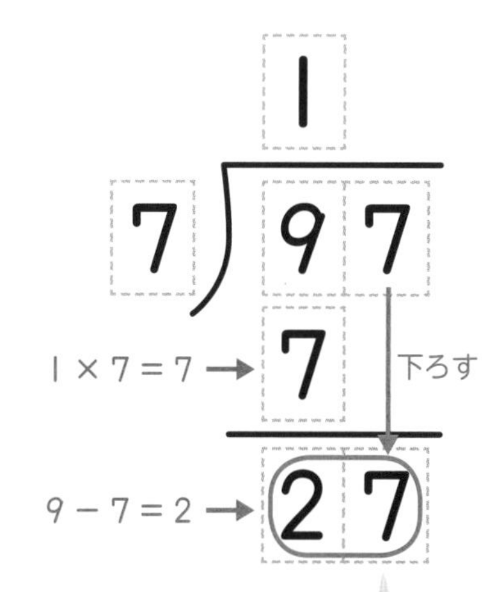

[　]×[　]を計算して、ひき算をしたら[　]を下ろそう

087 727 ÷ 4 を考えてみましょう。

❶ 7 ÷ 4 はできる？ ➡ ［　　　］！

4)727

1
4)727

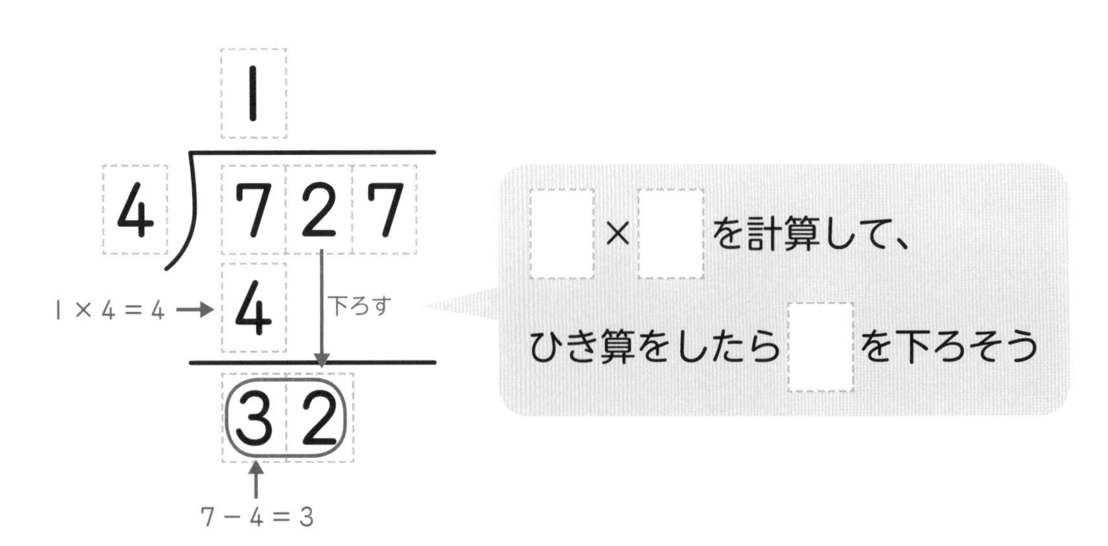

❷ $32 \div 4 = ?$

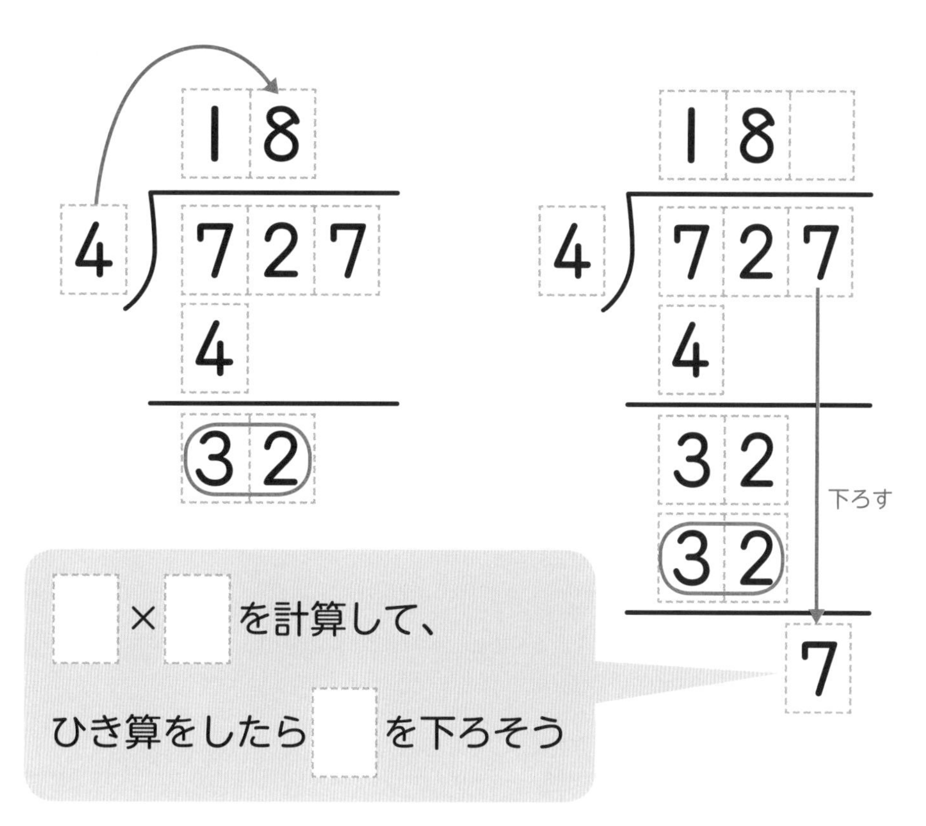

❸ $7 \div 4 = ?$

つまずきをなくす
練習

小4-5 わり算の筆算
(2けた÷1けた、3けた÷1けた　あまりあり)

次の筆算をしましょう。　／8

088

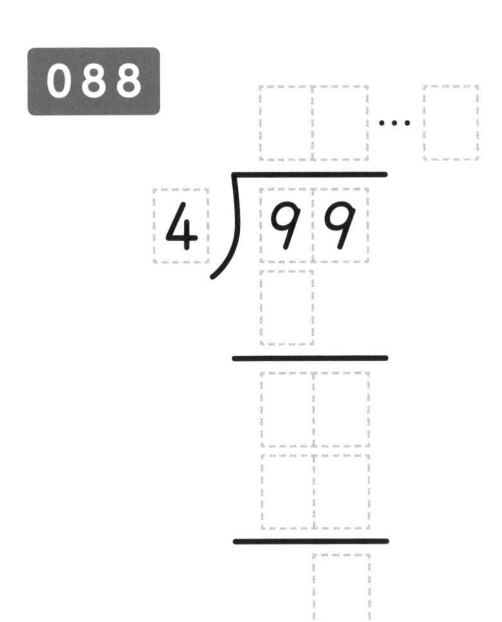

089

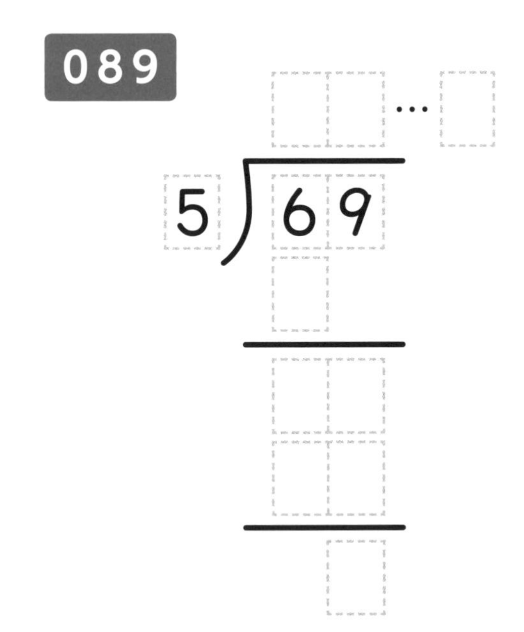

090

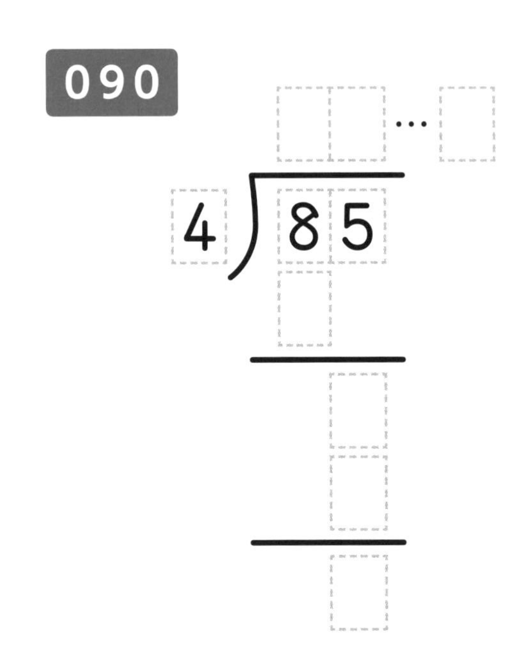

091

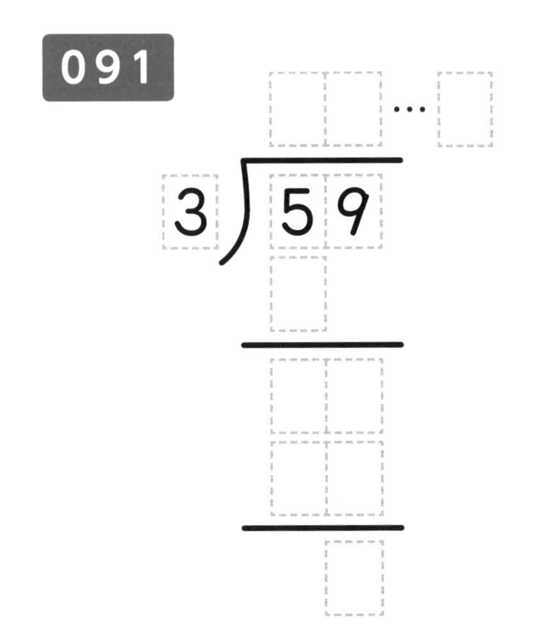

一の位までわり算をして、最後のひき算をしたあとに残ったのが、あまりです。あまりは、筆算の商のあとに「…」をつけて書いておこう

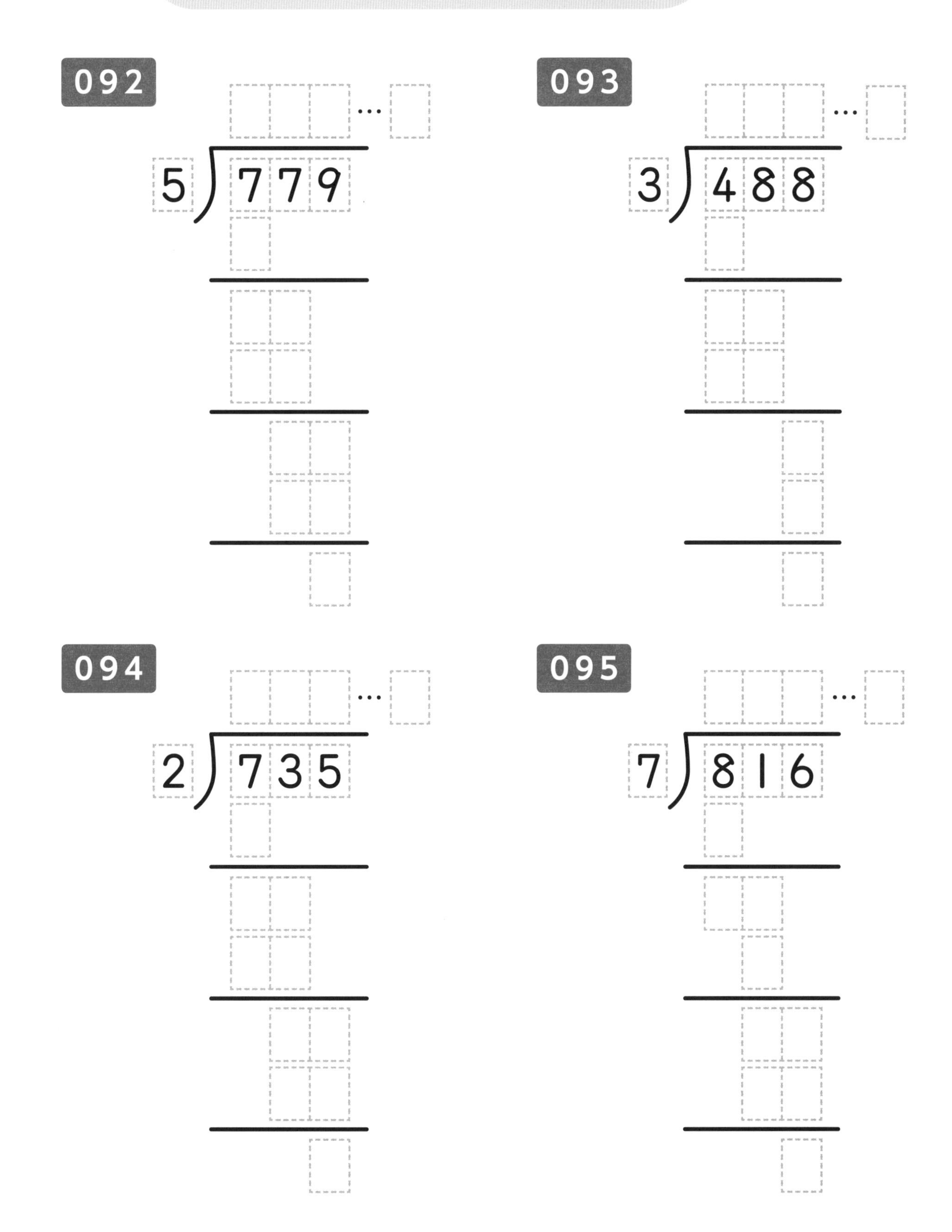

たしかめよう

次の問題に答えましょう。あまりも書きましょう。　／6

096 79 ÷ 3 =

097 87 ÷ 4 =

098 97 ÷ 5 =

099 475 ÷ 3 =

100 959 ÷ 6 =

書いてみよう

101 720個(こ)の製品(せいひん)を、1箱に7個(こ)ずつつめていくと、何箱できて何個(なんこ)の製品(せいひん)があまりますか。

計算などに使いましょう。

小4 6

わり算の暗算（何十でわる）

何十でわる計算は、わられる数、わる数がともに「10が何個集まってできた数か」を考えて計算します。

たとえば
90 ÷ 30なら、
90 ➡ 10が9個
30 ➡ 10が3個
90 ÷ 30 ➡ 9個 ÷ 3個
と考えます

102 60 ÷ 20 を計算しましょう。

60 ÷ 20 ➡ 60は10が何個集まった数？
60は10が6個
20は10が何個集まった数？
20は10が2個
60 ÷ 20 ＝ 10が6個 ÷ 2個
＝ 3

わられる数の60を10が6個と考えます

わる数の20を10が2個と考えます

60 ÷ 20 ＝ 3

6 ÷ 2

6個 ÷ 2個の計算をします

答え：3

ポイント

何十でわる計算は、わられる数、わる数とも、10が何個と考えて計算するようにします。

103 240 ÷ 40 を計算しましょう。

240 ÷ 40 ➡ 240は10が何個集まった数？
240は10が24個
40は10が何個集まった数？
40は10が4個
240 ÷ 40 = 10が24個÷4個
= 6

わられる数の240を
10が24個と考えます

わる数の40を
10が4個と考えます

240 ÷ 40 = 6

24 ÷ 4

24個÷4個の
計算をします

答え：6

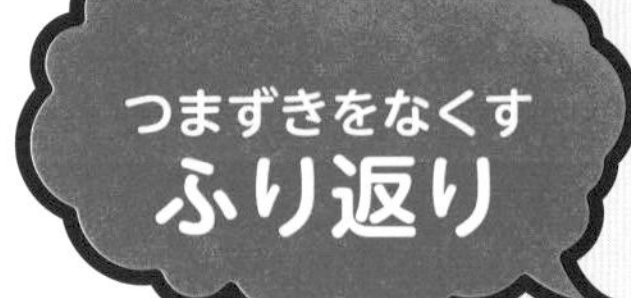

小4-6 わり算の暗算（何十でわる）

□の中に入る数字を考えて入れてみましょう

104 80 ÷ 40 を考えてみましょう。

80 ÷ 40 ➡ 80 は 10 が何個集まった数？

80 は 10 が □ 個

40 は 10 が何個集まった数？

40 は 10 が □ 個

80 ÷ 40 ＝ 10 が □ 個 ÷ □ 個

＝ □

わられる数の 80 を 10 が 8 個と考えます

わる数の 40 を 10 が 4 個と考えます

80 ÷ 40 ＝ □

8 ÷ 4

8 個 ÷ 4 個の計算をします

答え：2

105 480 ÷ 60 を考えてみましょう。

480 ÷ 60 ➡ 480 は 10 が何個(なんこ)集まった数？

480 は 10 が □ 個(こ)

60 は 10 が何個(なんこ)集まった数？

60 は 10 が □ 個(こ)

480 ÷ 60 ＝ 10 が □ 個(こ)÷ □ 個(こ)

＝ □

わられる数の 480 を
10 が 48 個(こ)と考えます

わる数の 60 を
10 が 6 個(こ)と考えます

480 ÷ 60 ＝ □

48 ÷ 6

48 個(こ)÷ 6 個(こ)の
計算をします

答え：8

小4-6 わり算の暗算（何十でわる）

次の計算をしましょう。 ／10

106 $90 \div 30 =$ ＿＿＿＿

107 $80 \div 20 =$ ＿＿＿＿

108 $270 \div 30 =$ ＿＿＿＿

109 $480 \div 80 =$ ＿＿＿＿

110 $420 \div 70 =$ ＿＿＿＿

「10が何個」と考えるときは、0をとって考えよう。
280は10が28個、560は10が56個、90は10が9個と考えるんだ

111 280 ÷ 40 = ＿＿＿＿＿

112 630 ÷ 90 = ＿＿＿＿＿

113 560 ÷ 70 = ＿＿＿＿＿

114 320 ÷ 80 = ＿＿＿＿＿

115 810 ÷ 90 = ＿＿＿＿＿

たしかめよう

次の問題に答えましょう。　／6

116 $60 \div 20 =$

117 $350 \div 50 =$

118 $120 \div 30 =$

119 $250 \div 50 =$

120 $420 \div 70 =$

書いてみよう

121 いま、630円お金を持っています。70円のノートをできるだけ多く買いたいのですが、何冊(なんさつ)買うことができますか。

計算などに使いましょう。

小4 7 わり算の筆算（3けた÷2けた）

わられる数の大きい位からわり算ができるかどうかためしていきます

122 588 ÷ 28 を計算しましょう。

❶ わられる数588の百の位の5に注目。われないときは百の位と十の位の58に注目します。

5 ÷ 28はできる？ ➡ できない

58 ÷ 28はできる？ ➡ できる

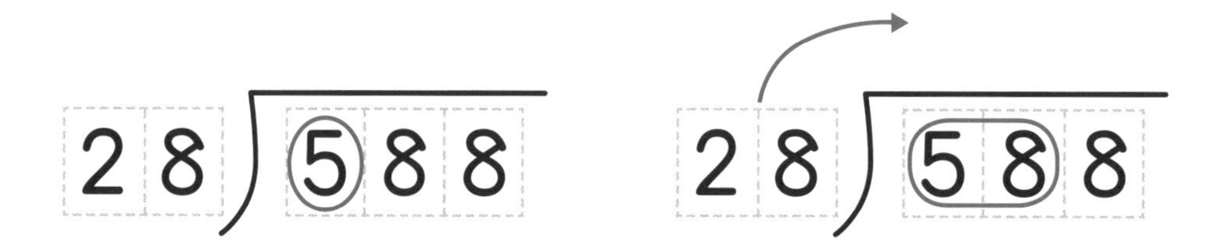

2けたの数は、「だいたい何十」と考えて計算します。

16や18や19は20に近いので「だいたい20」、

61や62や64は60に近いので「だいたい60」です。

15などは10にするか20にするか迷いますが、

自分で「大きい方（20）と考える」「小さい方（10）と考える」を決めておきましょう。

❷ 58の中に28はいくつある？

➡ 58はだいたい60

28はだいたい30と考えると ➡ 2つ！

2けたでわる計算は、わられる数、わる数とも、「だいたい何十」と考えて計算します。

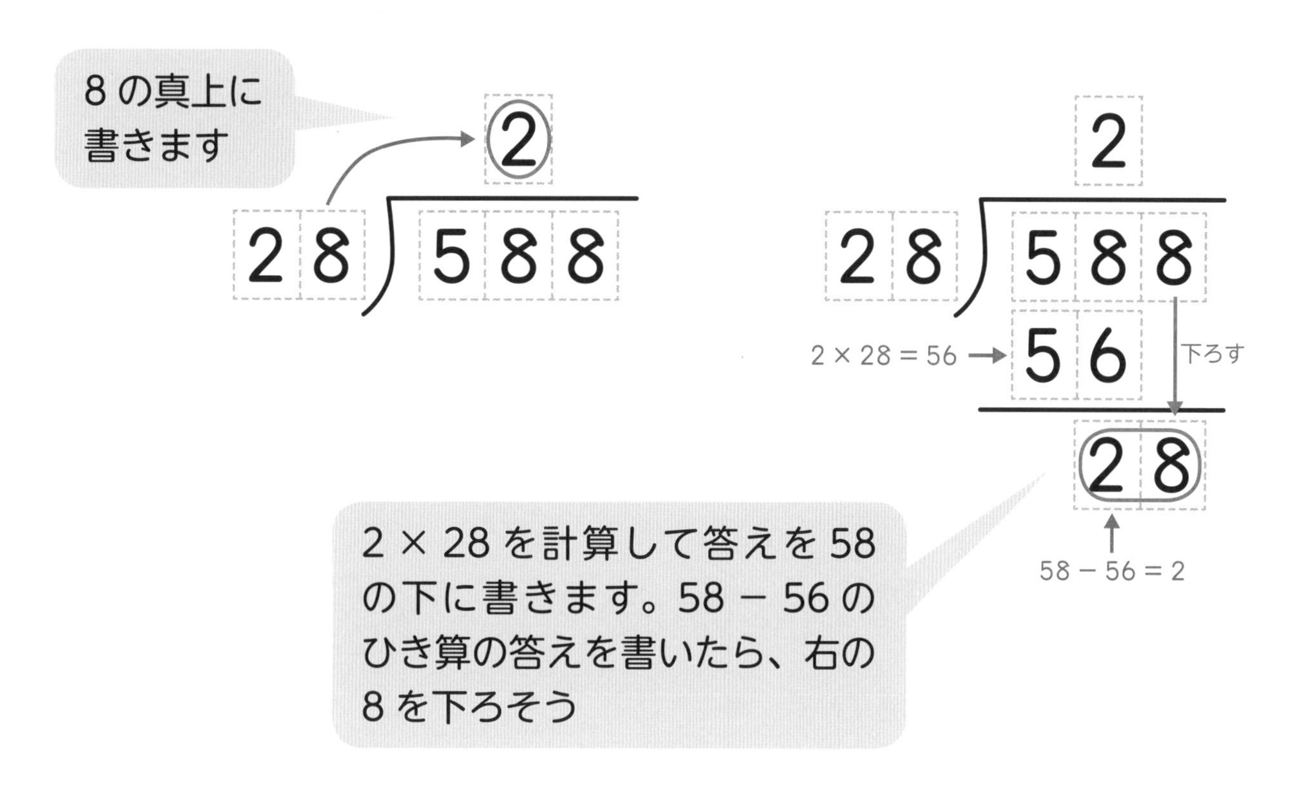

❸ 28の中に28はいくつある？ ➡ 1つ！

答え：21

つまずきをなくす ふり返り

小4-7 わり算の筆算（3けた÷2けた）

□の中に入る数字や言葉を考えて入れてみましょう

123 384 ÷ 16 を考えてみましょう。

❶ わられる数 384 の百の位(くらい)に注目。
われなければ百の位(くらい)と十の位(くらい)の 38 に注目します。

3 ÷ 16 はできる？ ➡ □

38 ÷ 16 はできる？ ➡ □

❷ 38 の中に 16 はいくつある？

➡ 38 はだいたい □

16 はだいたい □ と考えると □ つ！

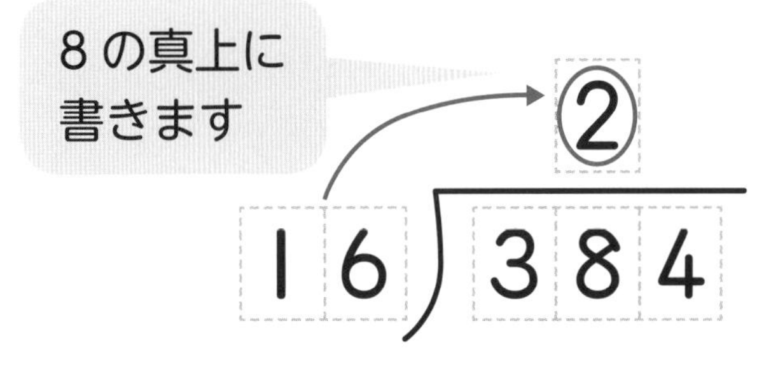

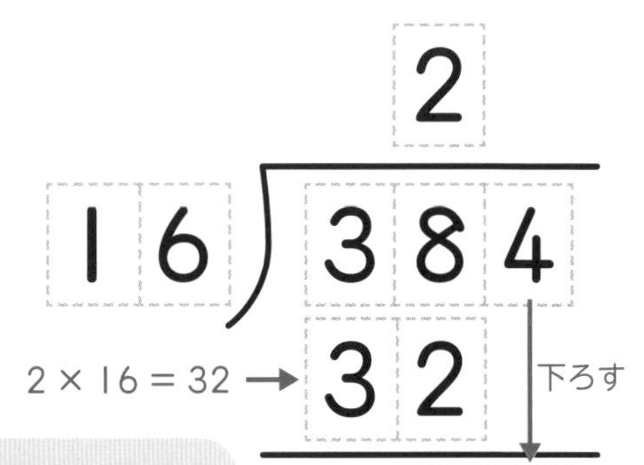

2 × 16 の答えを 38 の下に書きます。38 − 32 の答えを下に書いたら、右の 4 を下ろそう

❸ 64の中に16はいくつある？

➡ 64はだいたい [ ]

16はだいたい [ ] と考えると、[ ] こ！

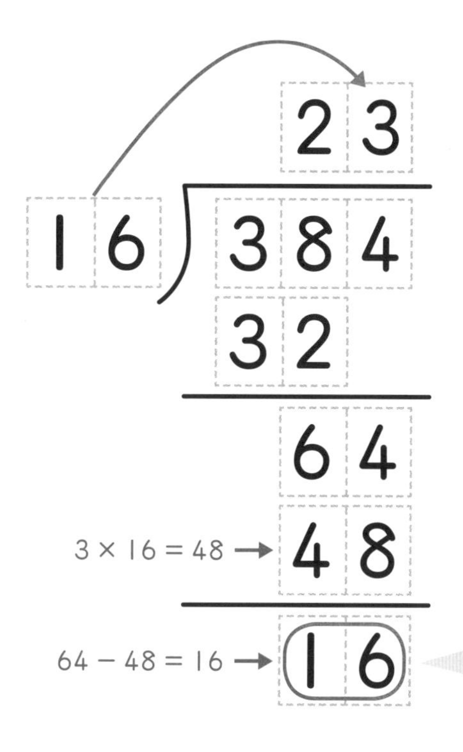

❹ わる数とあまりが同じになるということは、
商は3ではなくて4

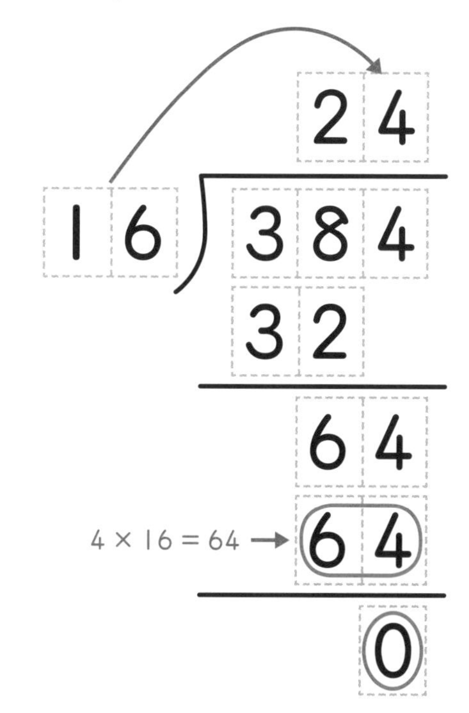

答え：24

つまずきをなくす
練習

小4-7 わり算の筆算（3けた÷2けた）

やって
みよう

次の筆算をしましょう。
あまりがあるものはあまりも書きましょう。　／8

124

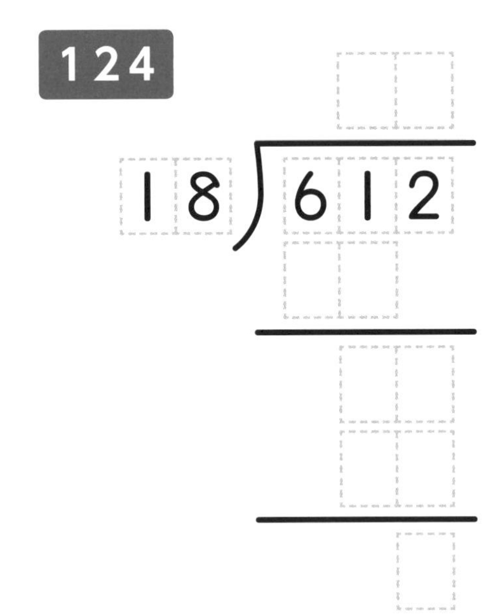

125

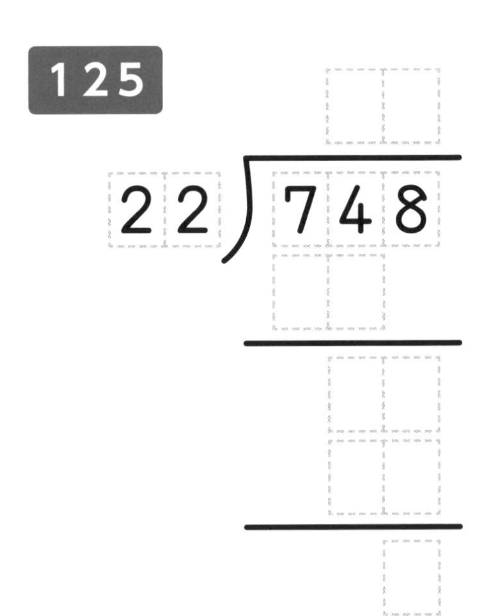

126

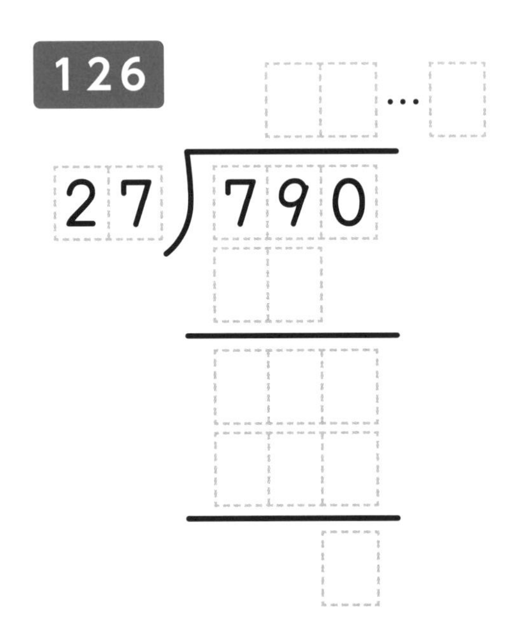

127

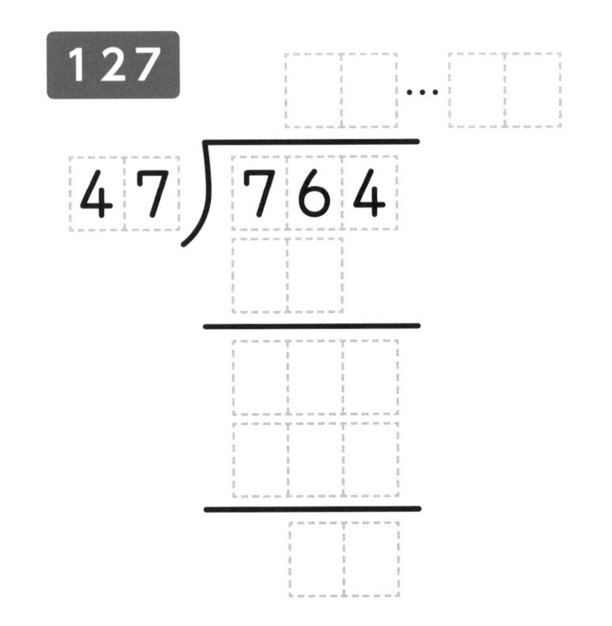

わられる数の一番大きな位の数から考えて、われなければ一つ小さい位の数も合わせて考えよう。612 ÷ 18 は、まず 6 ÷ 18、そしてわれなければ 61 ÷ 18 を考えるんだ

128

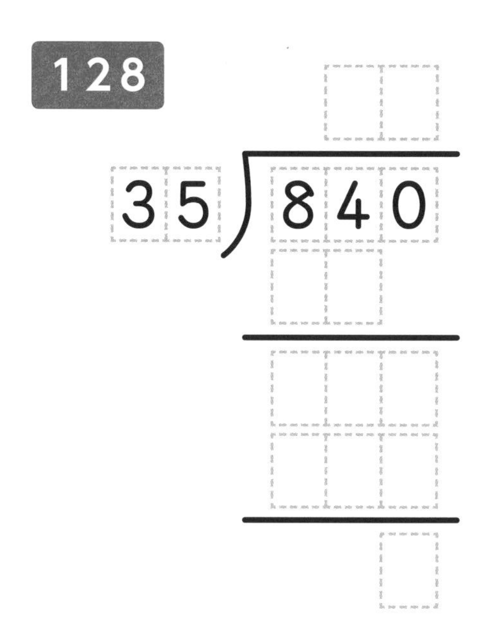

129

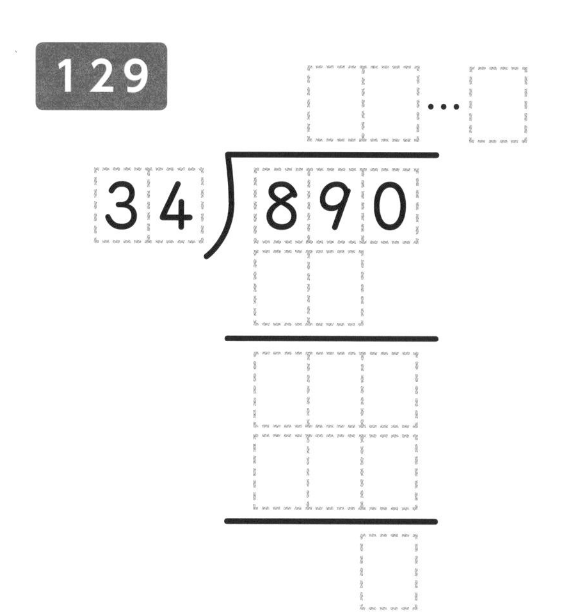

130

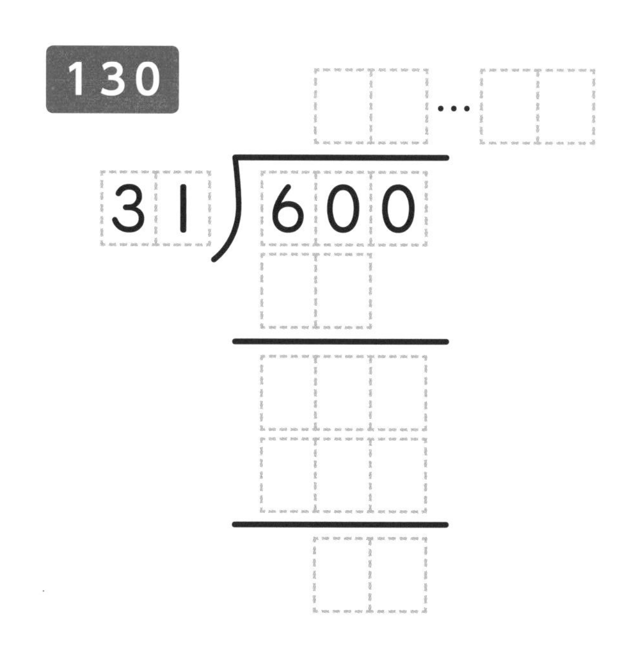

131

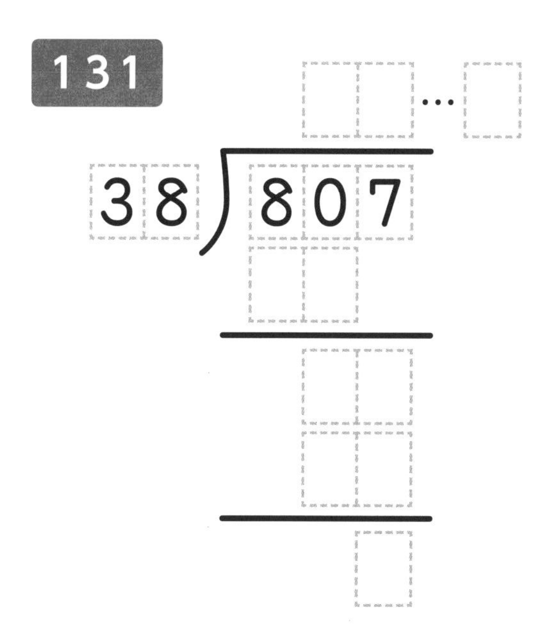

たしかめよう

次の問題に答えましょう。
あまりがあるものはあまりも書きましょう。

／6

132 806 ÷ 26 ＝

133 652 ÷ 19 ＝

134 612 ÷ 24 ＝

135 532 ÷ 38 ＝

136 873 ÷ 67 ＝

書いてみよう

137 全校児童(じどう) 682 人が、1 列 22 人ずつ並(なら)んでいきます。全部で何列できるでしょうか。

計算などに使いましょう。

小4 8 わり算の筆算（4けた÷2けた）

わられる数の大きい位から
わり算ができるかどうかためしていきます

138 6282 ÷ 18 を計算しましょう。

❶ わられる数 6282 の千の位の 6 に注目。
われなければ千の位と百の位の 62 に注目します。
6÷18 はできる？ ➡ できない　　62÷18 はできる？ ➡ できる

2けたの数は、「だいたい何十」と考えて計算します。
16 や 18 や 19 は 20 に近いので「だいたい 20」、
61 や 62 や 64 は 60 に近いので「だいたい 60」です。

❷ 62 の中に 18 はいくつある？ ➡ 62 はだいたい 60
18 はだいたい 20 と考えると
3つ！

2の真上に書きます

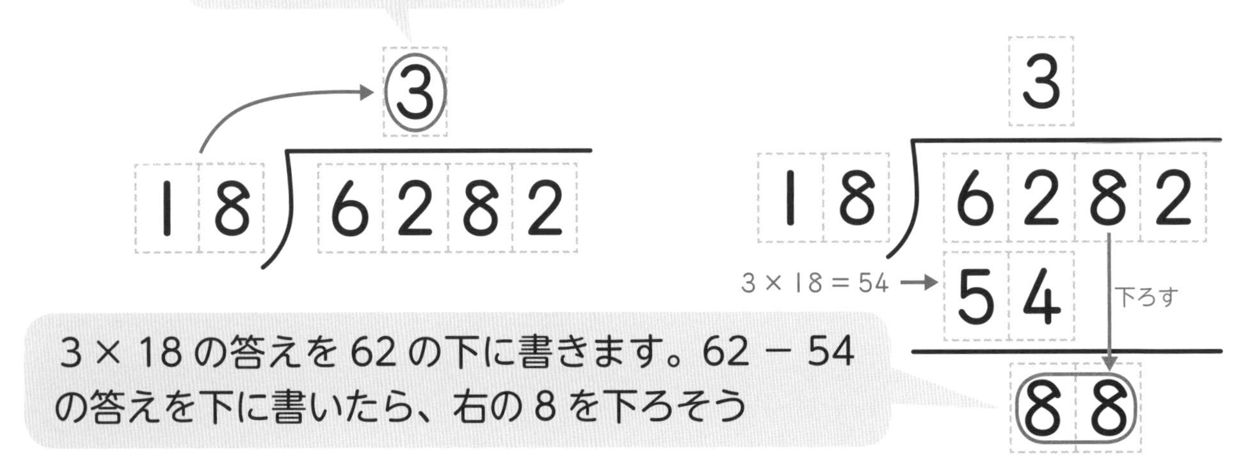

ポイント

けた数の大きなわり算の筆算は、数を下ろすときに位（くらい）が左右にずれないように注意しましょう。

③ 88 の中に 18 はいくつある？

⬇

88 はだいたい 90
18 はだいたい 20 と考えると
4 つ！

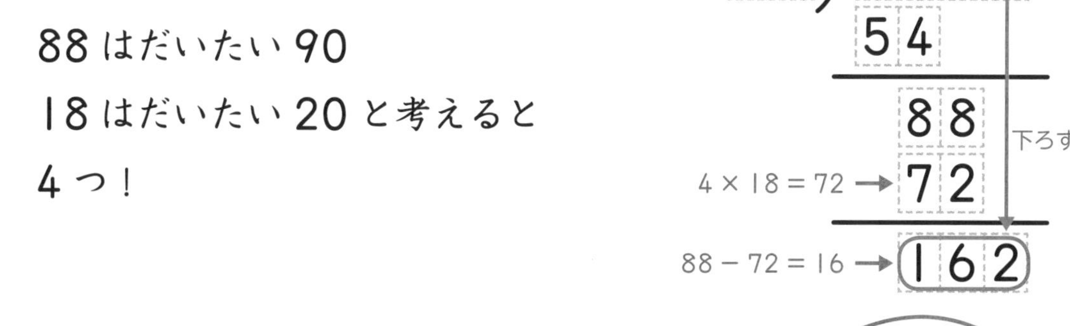

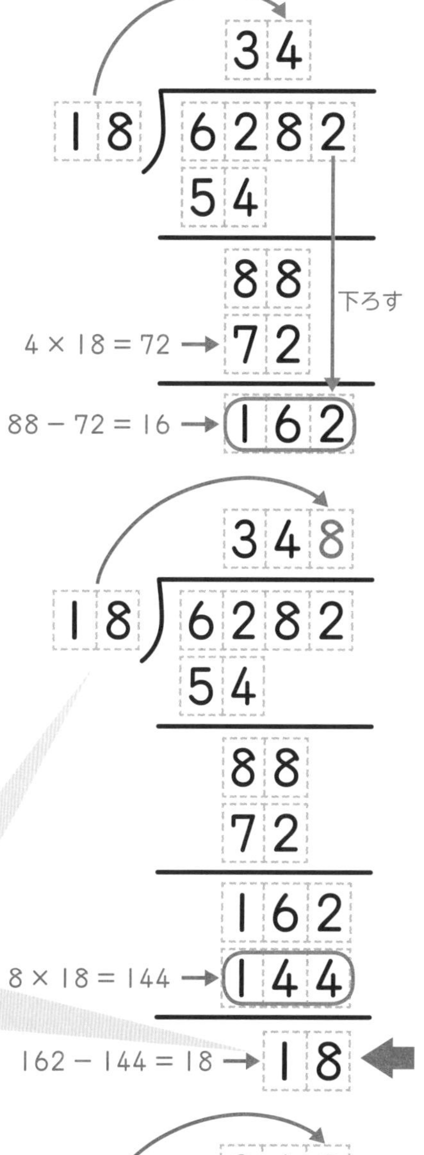

④ 162 の中に 18 はいくつある？

162 はだいたい 160
18 はだいたい 20 と考えると
8 つ！

わる数とあまりが同じ場合は、
商が 1 つ小さい

⑤ わる数とあまりが
同じになるということは、
商は 8 ではなくて 9

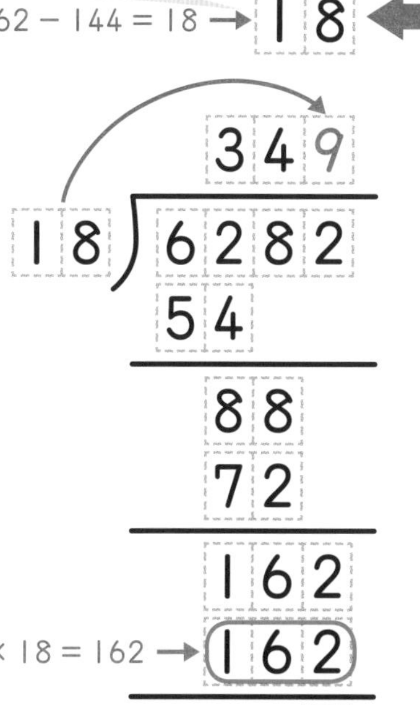

答え：349

小4-8 わり算の筆算（4けた÷2けた）

139 3708 ÷ 12 を考えてみましょう。

1 わられる数 3708 の千の位（くらい）の 3 に注目。
われなければ千の位（くらい）と百の位（くらい）の 37 に注目します。

3 ÷ 12 はできる？ ➡ □

37 ÷ 12 はできる？ ➡ □

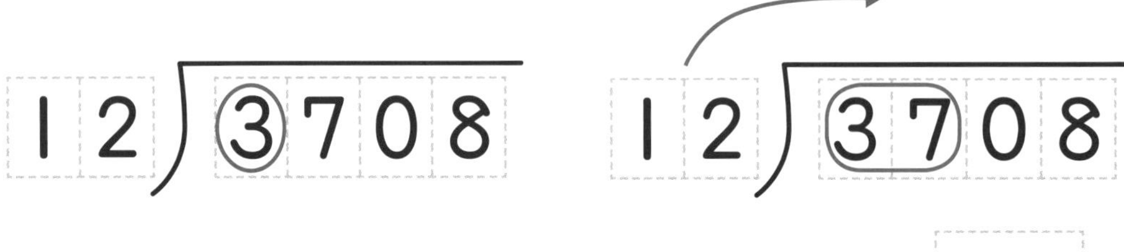

37 の中に 12 はいくつある？ ➡ 37 はだいたい □

12 はだいたい □

と考えると □ つ！

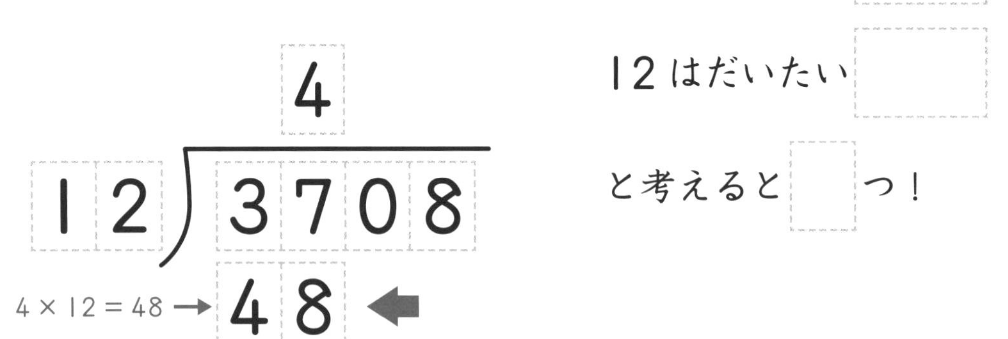

2 48 は 37 より大きい ➡ 商は 4 ではなく 3

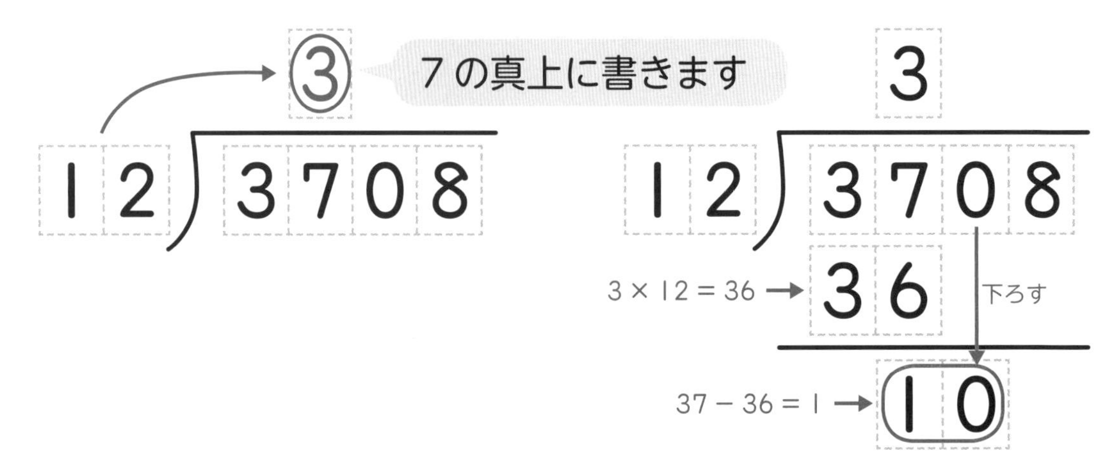

❸ 10の中に12はいくつある？ ➡ ない！

商は□！

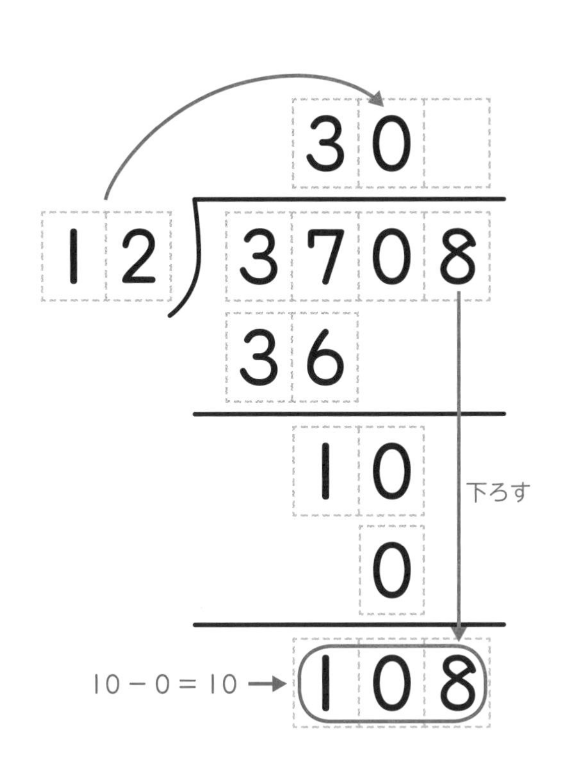

列がずれないよう
注意しよう

❹ 108の中に12はいくつある？ ➡ 108は12の10倍近いが

商として立つのは最大（さいだい）□まで！

309
12）3708
36
10
0
108
9 × 12 = 108 → 108
0

商を立てるときは
最大（さいだい）9まで！

答え：309

つまずきをなくす
練習

小4-8 わり算の筆算（4けた÷2けた）

次の筆算をしましょう。
あまりがあるものはあまりも書きましょう。　／8

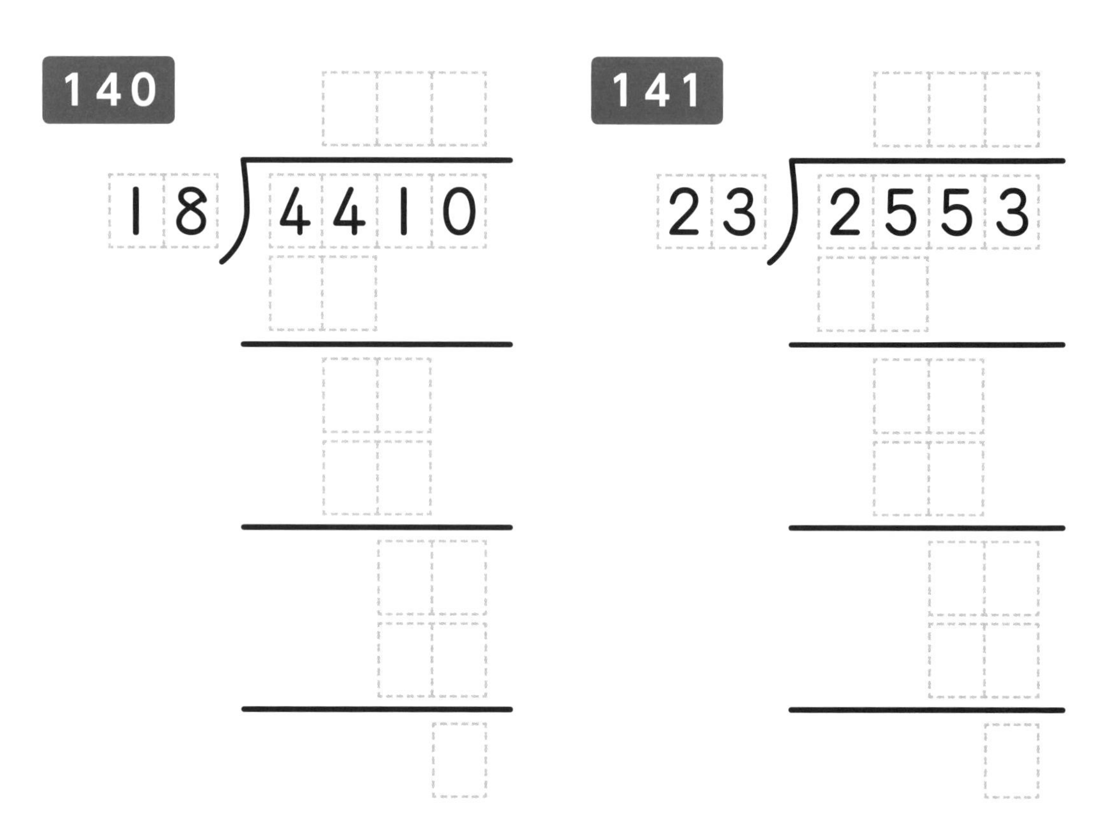

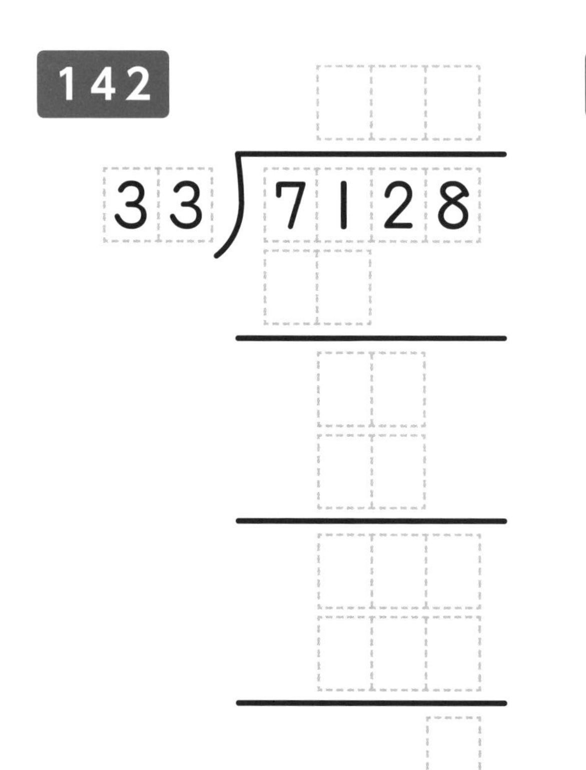

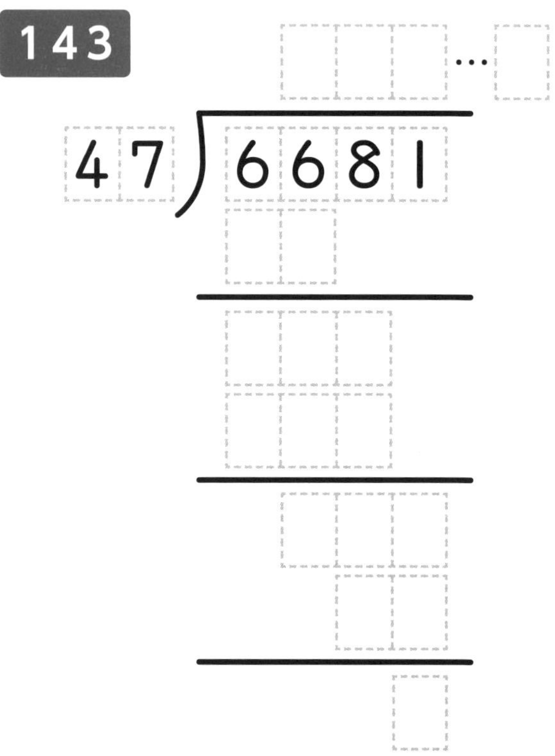

あまりが出たら、あまりとわる数を比(くら)べてみよう。
あまりがわる数より大きかったら、商を１つ大きい数にして計算し直そう

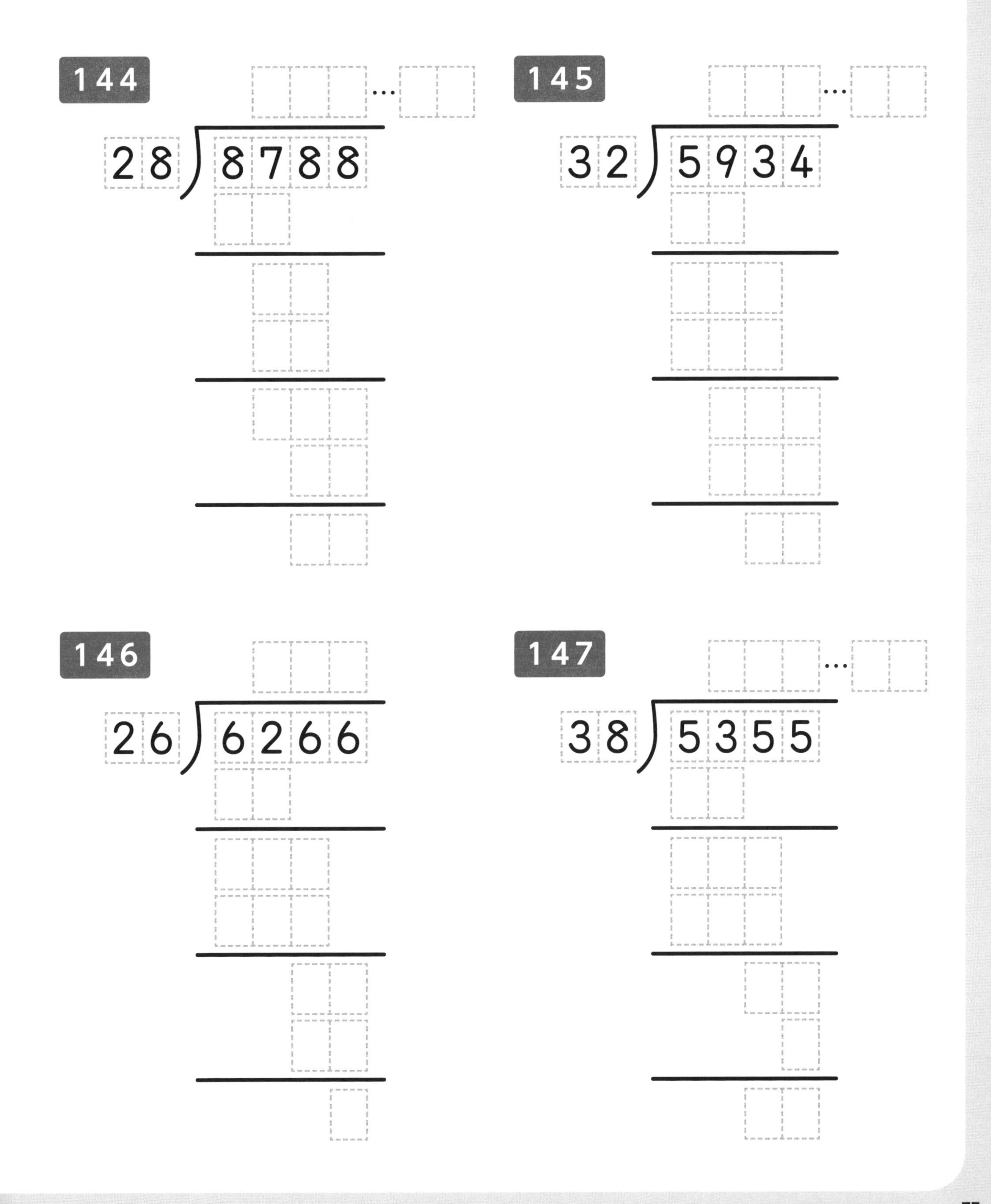

たしかめよう

次の問題に答えましょう。
あまりがあるものはあまりも書きましょう。　／6

148 $7630 \div 34 =$

149 $6237 \div 27 =$

150 $7428 \div 32 =$

151 $4389 \div 18 =$

152 $3654 \div 18 =$

書いてみよう

153 3675gの粉(こな)を、25gずつカップに入れていきます。
カップは何個(なんこ)になるでしょうか。

計算などに使いましょう。

ピキ君とニャンキチ君が、同じわり算をしました。

$4609 \div 23 =$

ピキ君

4 ÷ 23 は商が立たないから、46 ÷ 23 を考えればいいんだよね。

ニャンキチ君

4 けたの数である 4609 を 23 こに分けるってことだから、答えは大きくなりそうだニャン。

ピキ君の筆算

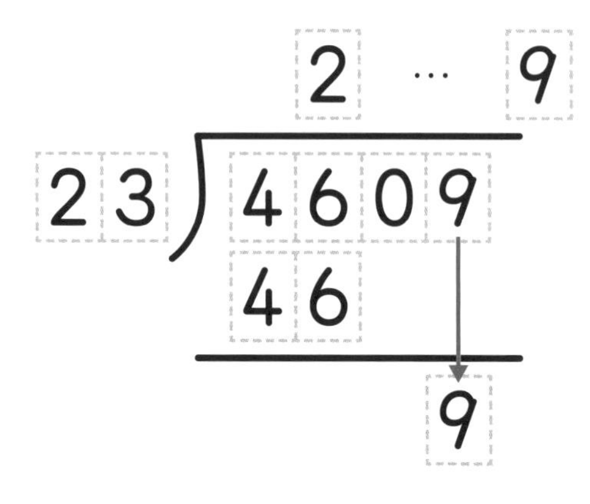

ニャンキチ君の筆算

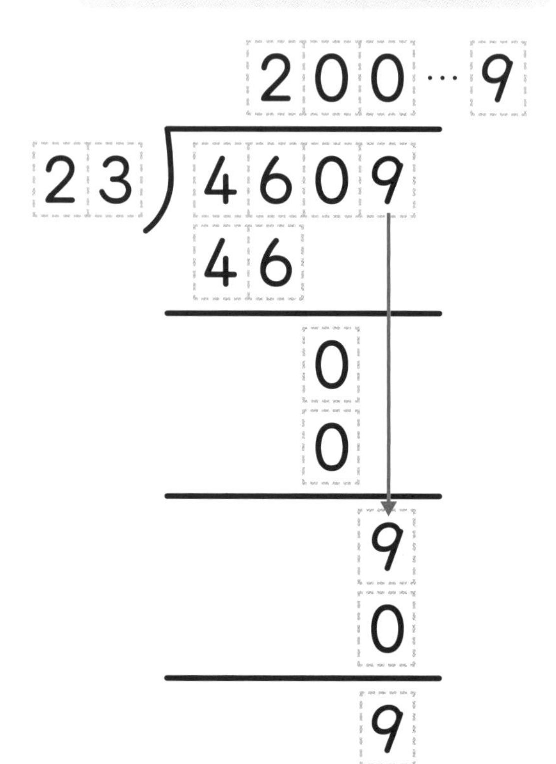

さて、どちらが正しい筆算でしょうか？

答えは別冊(べっさつ) 29 ページ

CHAPTER

小数

小4 9 小数のしくみ

1よりも小さい数を表すときに使うのが、小数です。1を10個に分けたものを0.1、0.1をさらに10個に分けたものを0.01といいます。つまり、ある数を10倍するときは小数点を1つ右に、10分の1にするときは小数点を1つ左にずらせばよいのです

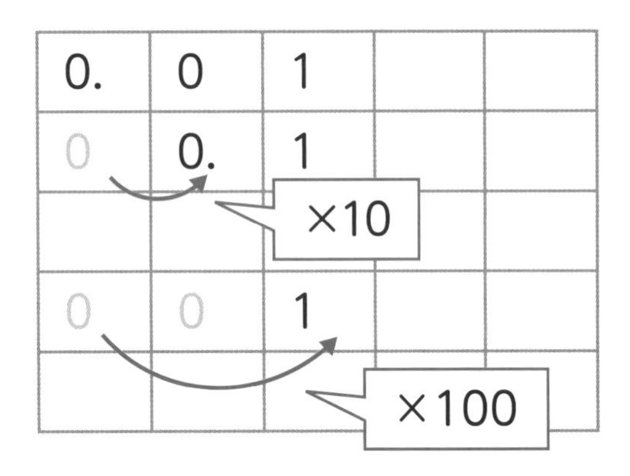

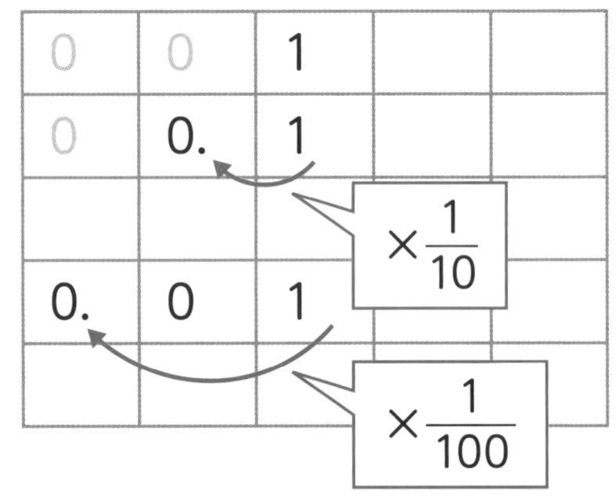

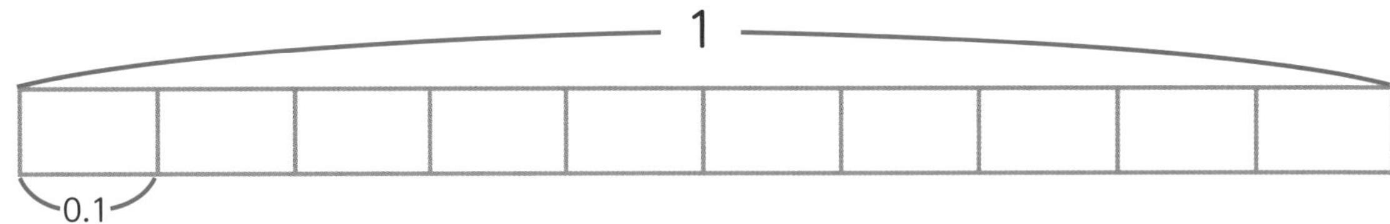

長さや重さを小数で表してみましょう。

1L = 10dL なので、1dL = 0.1L

1cm = 10mm なので、1mm = 0.1cm

1kg = 1000g なので、100g = 0.1kg、10g = 0.01kg

ということになります。

154 1.5L = ［　］L ［　］dL

1.5L は 1L と 0.5L に分けることができます。

0.1L = 1dL なので、

0.5L = 5dL

ポイント

10倍、100倍するときは小数点を右に、10分の1、100分の1にするときは、小数点を左に動かします。

だから、

1.5L ＝ [1] L
[5] dL

1.	5		
(L)	(dL)		(mL)
1L	5dL		

155 360g ＝ [　　] kg

$\times\frac{1}{10}$ 1000g ＝ 1kg
100g ＝ 0.1kg $\times\frac{1}{10}$

360g ＝ [0.36] kg

	3	6	0
(kg)			(g)
0.	3	6	

156 2.64の100倍は[　　]です。

ある数を100倍するときは小数点を2つ右に動かせばよいので、
答えは264です。

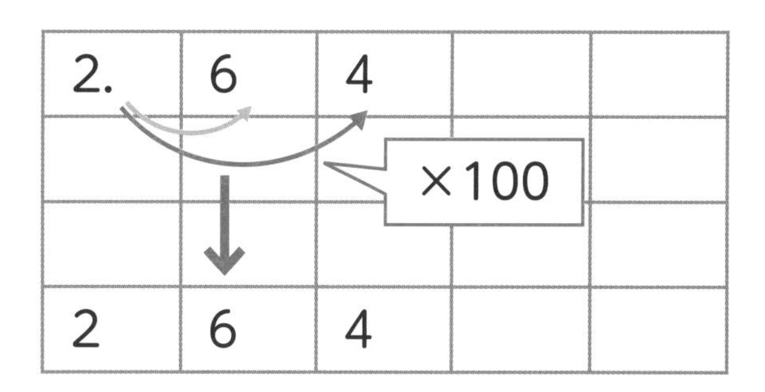

157 47.5の$\frac{1}{100}$は[　　]です。

ある数を$\frac{1}{100}$にするときは小数点を2つ左に動かせばよいので、
答えは0.475です。

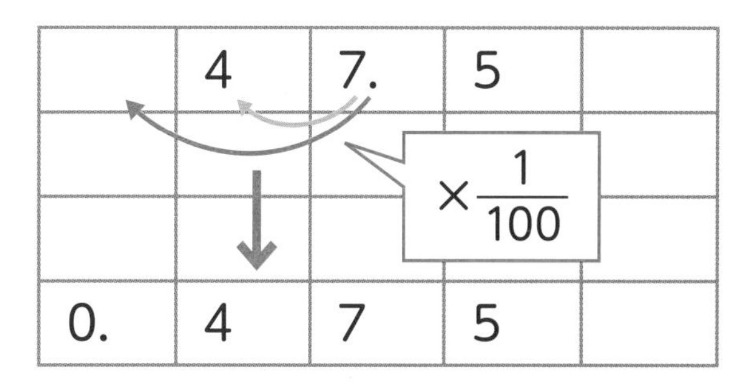

つまずきをなくす
ふり返り

小4-9 小数のしくみ

□の中に入る数字や言葉を考えて入れてみましょう

158 2.75km ＝ □ m

1km ＝ □ m

だから、

2.75km ＝ □ m

2.	7	5	
(km)			(m)
2	7	5	m

159 1を4個（こ）、0.1を7個（こ）、0.01を2個（こ）合わせた数は □ です。

1を4個（こ） ➡ □

0.1を7個（こ） ➡ □

0.01を2個（こ） ➡ □

合わせると □

160 1.2の10倍は □ です。

ある数を10倍するときは、

小数点を □ つ □

に動かせばよいので

答えは □ です。

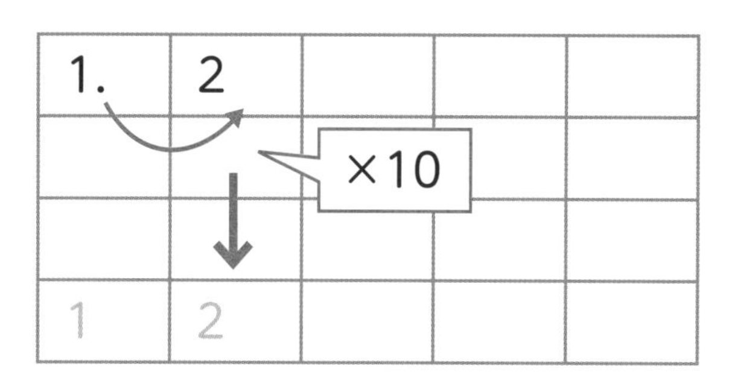

161 4.8の$\frac{1}{100}$は □ です。

ある数を  にするときは、

小数点を □ つ □

に動かせばよいので

答えは □ です。

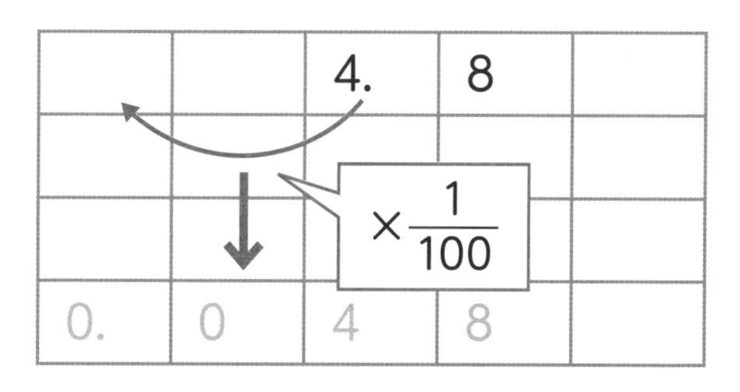

小数を10倍、100倍、$\frac{1}{10}$、$\frac{1}{100}$にするときは、小数点を動かします

小4-9 小数のしくみ

次の問題に答えましょう。 ／10

162 3885mは[　　　]kmです。

163 7.04kgは[　　　]gです。

164 0.1を3個、0.001を7個合わせた数は[　　　]です。

165 0.01を275個合わせた数は[　　　]です。

166 0.45は0.001を[　　　]個合わせた数です。

単位をかえるときは、簡単な例を考えよう。
m を km にかえたいときは、
1000m = 1km　1m = 0.001km と考えるよ

167 0.7 の 100 倍は ［　　　］ です。

168 0.72 の 10 倍は ［　　　］ です。

169 1.8 の $\frac{1}{10}$ は ［　　　］ です。

170 7 の $\frac{1}{100}$ は ［　　　］ です。

171 6.09 の $\frac{1}{100}$ は ［　　　］ です。

たしかめよう

次の問題に答えましょう。　／6

172　385g は ☐ kg です。

173　20.04km は ☐ m です。

174　3.84 は 0.01 を ☐ 個(こ) 合わせた数です。

175　3.09 の 100 倍は ☐ です。

176　15 の $\frac{1}{10}$ は ☐ です。

書いてみよう

177　3.5L 入るバケツがあります。このバケツを水でいっぱいにするのに、1dL のますを使って何ばい入れるといっぱいになるでしょうか。

計算などに使いましょう。

小4 10 小数のたし算

小数のたし算は、小数点をそろえて筆算で計算します。小数点以下のけた数にちがいがあるときは、右側に「0」があるものとして、たとえば「2」➡「2.0」というふうに考えます。小数点より右が「0」で終わる答えになったときは、「3.40」➡「3.4」というふうに、「0」を消します

178 1.2 ＋ 0.5 を計算しましょう。

小数点をそろえます

❶

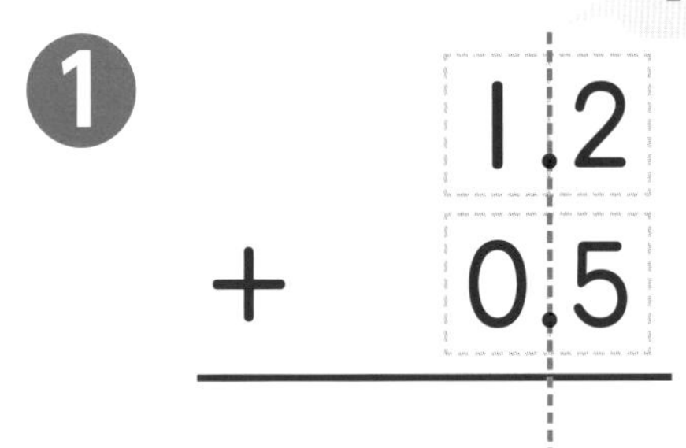

❷

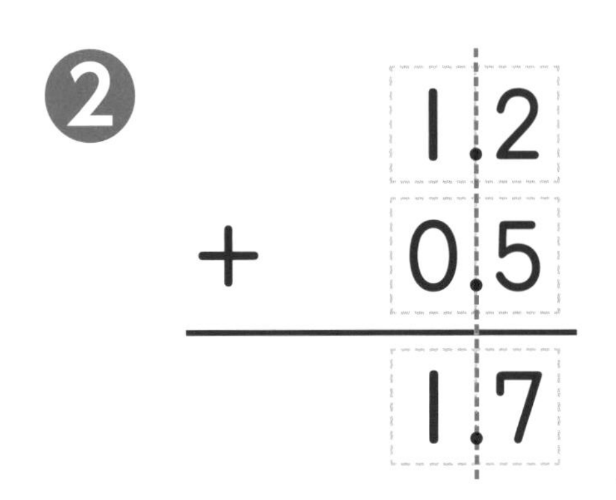

小数点をそろえたらあとは整数と同じように計算します

小数点をそろえて計算します。
12 ＋ 5 の計算と同じ要領です。

答え： 1.7

ポイント

小数点をそろえて、整数と同じように計算します。答えの 0 を消すのを忘(わす)れないようにしましょう。

179 3.48 ＋ 1.7 を計算しましょう。

❶

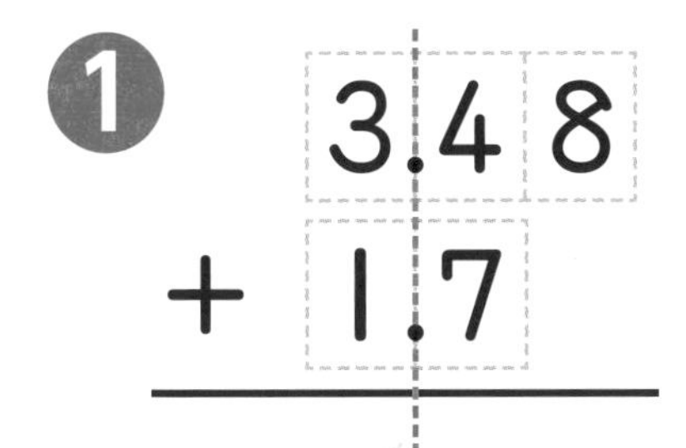

小数点をそろえます

❷

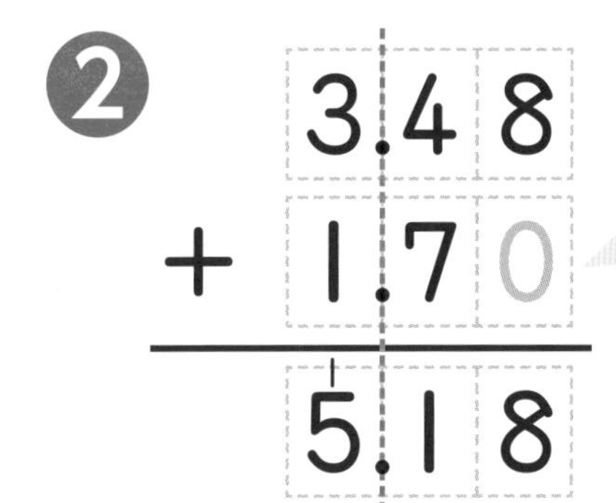

0があると考えて計算します

答え：5.18

180 3.76 ＋ 1.84 を計算しましょう。

❶

$$\begin{array}{r} 3.76 \\ +\ 1.84 \\ \hline \end{array}$$

小数点をそろえます

❷

$$\begin{array}{r} 3.76 \\ +\ 1.84 \\ \hline 5.60 \end{array}$$

❸

$$\begin{array}{r} 3.76 \\ +\ 1.84 \\ \hline 5.6\not{0} \end{array}$$

0を消します

小数点の右側(みぎがわ)が 0 で終わる答えになったら 0 を消しましょう

答え：5.6

小4-10 小数のたし算

の中に入る数字を考えて入れてみましょう

181 3 + 4.5 を考えましょう。

❶

	3	0
+	4	5

がある と考えて計算します

数字が入らないところは0と考えます

❷

	3	0
+	4	5

答え：7.5

182 7.4 + 2.32 を考えましょう。

❶

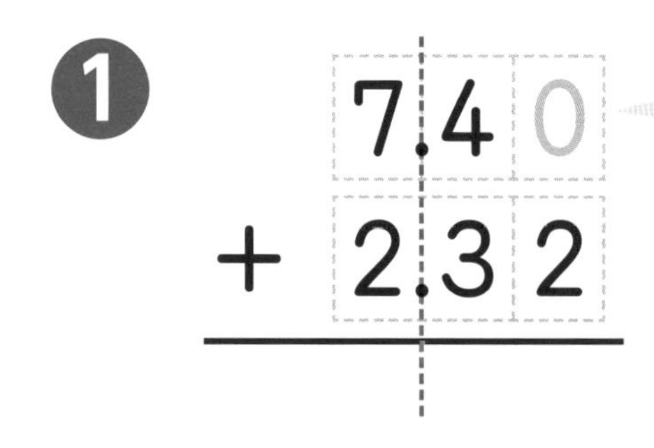

	7	4	0
+	2	3	2

があると考えて計算します

❷

	7	.	4	0
+	2	.	3	2
		.		

答え：9.72

183 1.45 + 2.75 を考えましょう。

❶

	1	.	4	5
+	2	.	7	5

❷

	1	.	4	5
+	2	.	7	5
		.		

0を消すのを忘(わす)れないようにネ

❸

	1	.	4	5
+	2	.	7	5
		.		＼

□を消します

答え：4.2

小4-10 小数のたし算

次の筆算をしましょう。　／8

184

$$\begin{array}{r} 1.6 \\ +\ 2.3 \\ \hline \end{array}$$

185

$$\begin{array}{r} 3.9 \\ +\ 2.3 \\ \hline \end{array}$$

186

$$\begin{array}{r} 5 \\ +\ 1.7 \\ \hline \end{array}$$

187

$$\begin{array}{r} 3.47 \\ +\ 0.6 \\ \hline \end{array}$$

小数点を上下でそろえて計算しよう。
一方が小数でもう一方が整数のときは、
3 + 1.2 → 3.0 + 1.2 と考えるんだ

188

$$\begin{array}{r} 1.84 \\ +\ 4.06 \\ \hline \end{array}$$

189

$$\begin{array}{r} 3.9 \\ +\ 1.1 \\ \hline \end{array}$$

190

$$\begin{array}{r} 2.25 \\ +\ 3.75 \\ \hline \end{array}$$

191

$$\begin{array}{r} 4.68 \\ +\ 3.44 \\ \hline \end{array}$$

たしかめよう

次の問題に答えましょう。 ／6

192 $1.74 + 0.55 =$ ＿＿＿＿

193 $3.54 + 5 =$ ＿＿＿＿

194 $1.8 + 8.2 =$ ＿＿＿＿

195 $6.3 + 4.25 =$ ＿＿＿＿

196 $1.34 + 2.66 =$ ＿＿＿＿

書いてみよう

197 重さ2.7kgのバケツに、水を3.44kg入れました。
全体の重さは何kgでしょうか。

＿＿＿＿

計算などに使いましょう。

小4 11 小数のひき算

小数のひき算は、小数点をそろえて筆算します。たし算と同じように、ひく数とひかれる数の小数点以下(いか)のけた数にちがいがあるときは、右側(みぎがわ)に「0」があるものと考えます。くり下がりのしかたは整数の計算と同じです。小数点より右が「0」で終わる答えになったときは、「3.40」➡「3.4」というふうに、「0」を消します

198 1.7 − 0.9 を計算しましょう。

小数点をそろえます

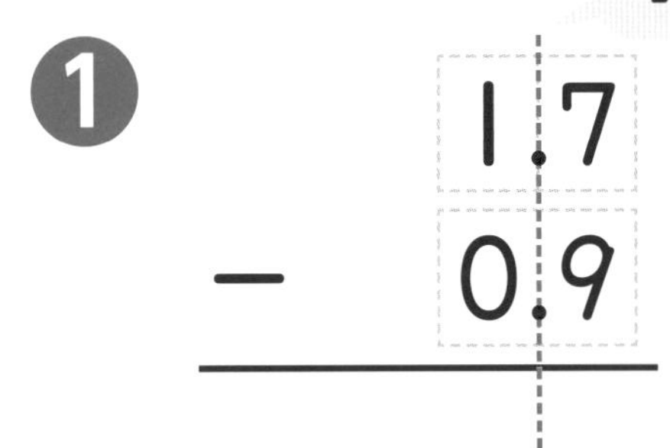

たし算と同じように小数点をそろえて計算します

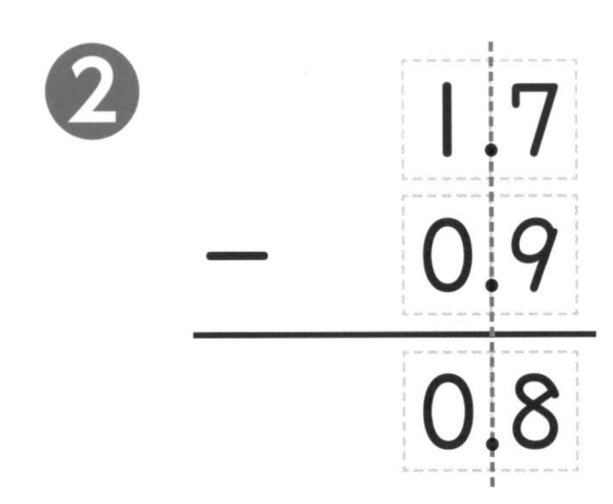

小数点をそろえて計算します。17 − 9 の計算と同じ要領(ようりょう)です。

ただし、整数部分の答えが 0 になった場合は、そのまま 0 と書き、小数点をつけます。

答え：0.8

ポイント

小数点をそろえるのはたし算と同じです。整数に小数点やその下の0を補って考えるのも同じです。

199 2.52 − 0.8 を計算しましょう。

❶

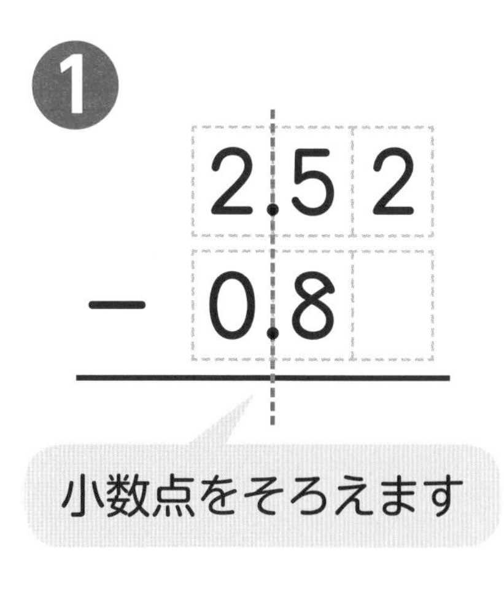

❷

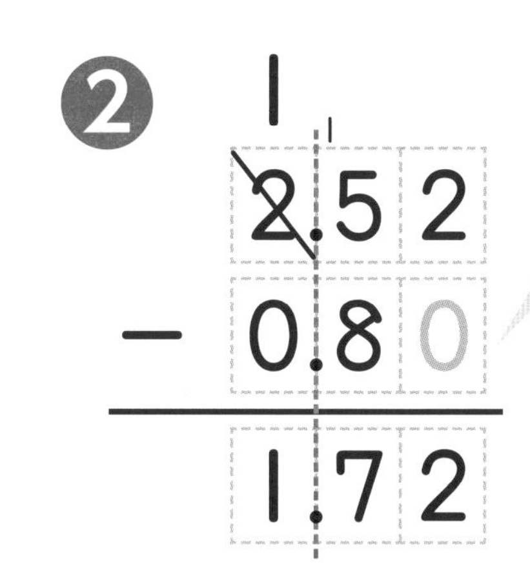

0があると考えて計算します

答え：1.72

200 5.38 − 2.78 を計算しましょう。

❶

5.38
− 2.78

小数点をそろえます

❷

4
5.38
− 2.78
2.60

❸

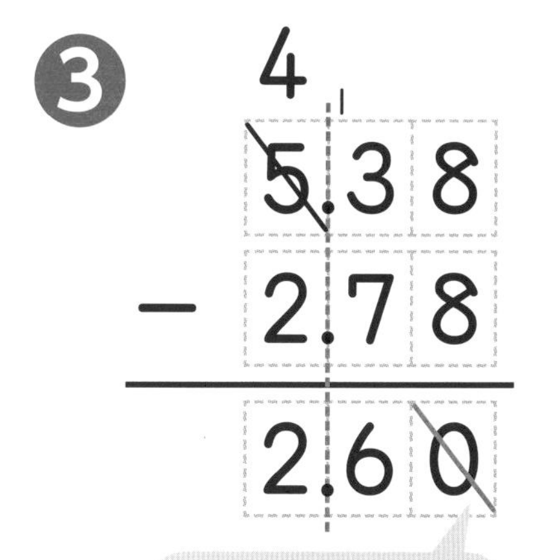

答え：2.6

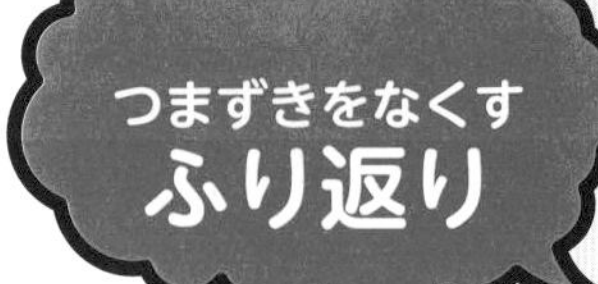

小4-11 小数のひき算

の中に入る数字を考えて入れてみましょう

201 7 − 2.4 を考えてみましょう。

❶

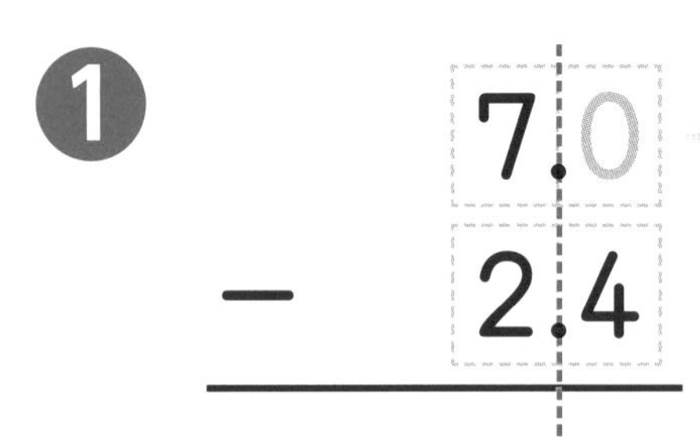

があると考えて計算します

❷

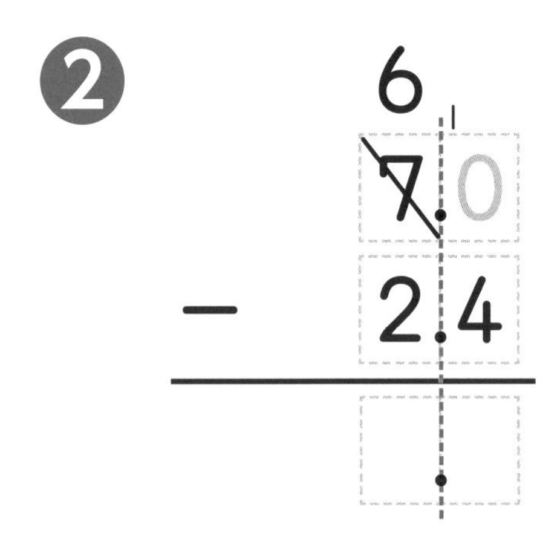

7は7.0と考えて計算するんだね

答え：4.6

202 3.1 − 1.75 を考えてみましょう。

❶

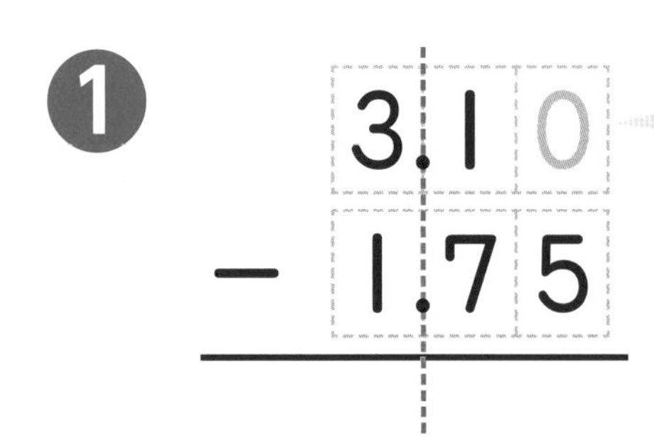

があると考えて計算します

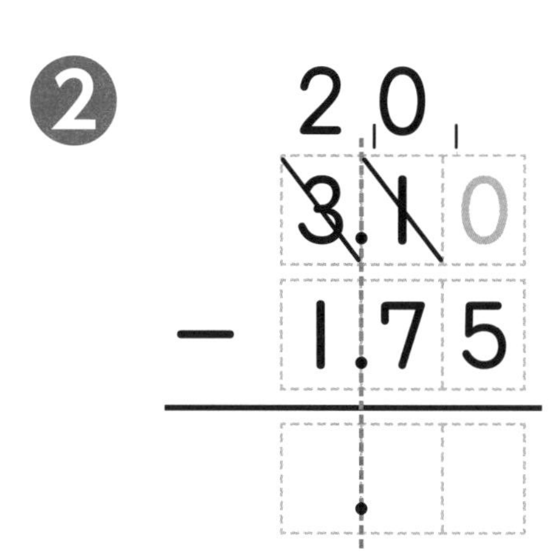

答え：1.35

203 3.41 − 1.61 を考えてみましょう。

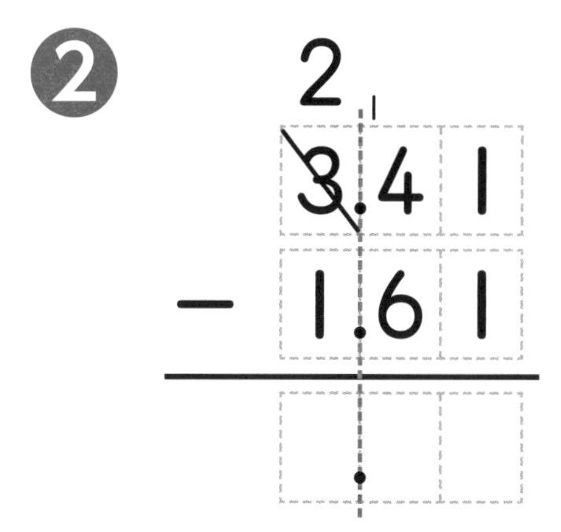

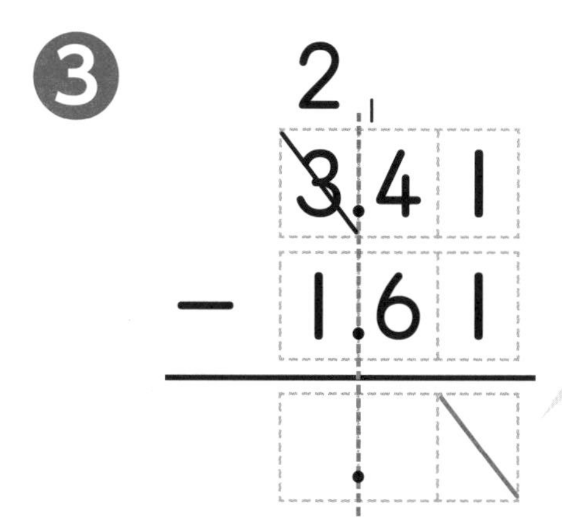

答え：1.8

小4-11 小数のひき算

やってみよう

次の筆算をしましょう。 ／8

204

$$\begin{array}{r} 3.7 \\ -\ 1.4 \\ \hline \end{array}$$

205

$$\begin{array}{r} 4.1 \\ -\ 2.4 \\ \hline \end{array}$$

206

$$\begin{array}{r} 4 \\ -\ 2.5 \\ \hline \end{array}$$

207

$$\begin{array}{r} 6.3 \\ -\ 3.84 \\ \hline \end{array}$$

小数点を上下でそろえて計算しよう。
小数点より右の数の個数（こすう）がちがうときは、
6.3 − 3.84 → 6.30 − 3.84 と考えるようにね

208

$$
\begin{array}{r}
5.11 \\
-\ 2.6 \\
\hline
\end{array}
$$

209

$$
\begin{array}{r}
3.71 \\
-\ 2.11 \\
\hline
\end{array}
$$

210

$$
\begin{array}{r}
9.44 \\
-\ 5.84 \\
\hline
\end{array}
$$

211

$$
\begin{array}{r}
1.71 \\
-\ 0.37 \\
\hline
\end{array}
$$

たしかめよう

次の問題に答えましょう。　／6

212 $5 - 2.3 =$ ＿＿＿＿＿

213 $7.18 - 5 =$ ＿＿＿＿＿

214 $4.84 - 2.14 =$ ＿＿＿＿＿

215 $6.7 - 3.36 =$ ＿＿＿＿＿

216 $4.62 - 3.45 =$ ＿＿＿＿＿

書いてみよう

217 ピキ君のかっているネコのニャンタローの体重は、先月量ったときは3.2kg、今月は4.14kgになっていました。ニャンタローの体重は何kg増えましたか。

＿＿＿＿＿

計算などに使いましょう。

小4 12 小数のかけ算

小数のかけ算は、数の右はしをそろえて筆算します。計算のしかたは、整数どうしのかけ算と同じです。答えには小数点をつけます。答えの小数点より右が、「0」で終わる数字になったときは、「3.40」➡「3.4」というふうに、「0」を消します

218 1.2 × 3 を計算しましょう。

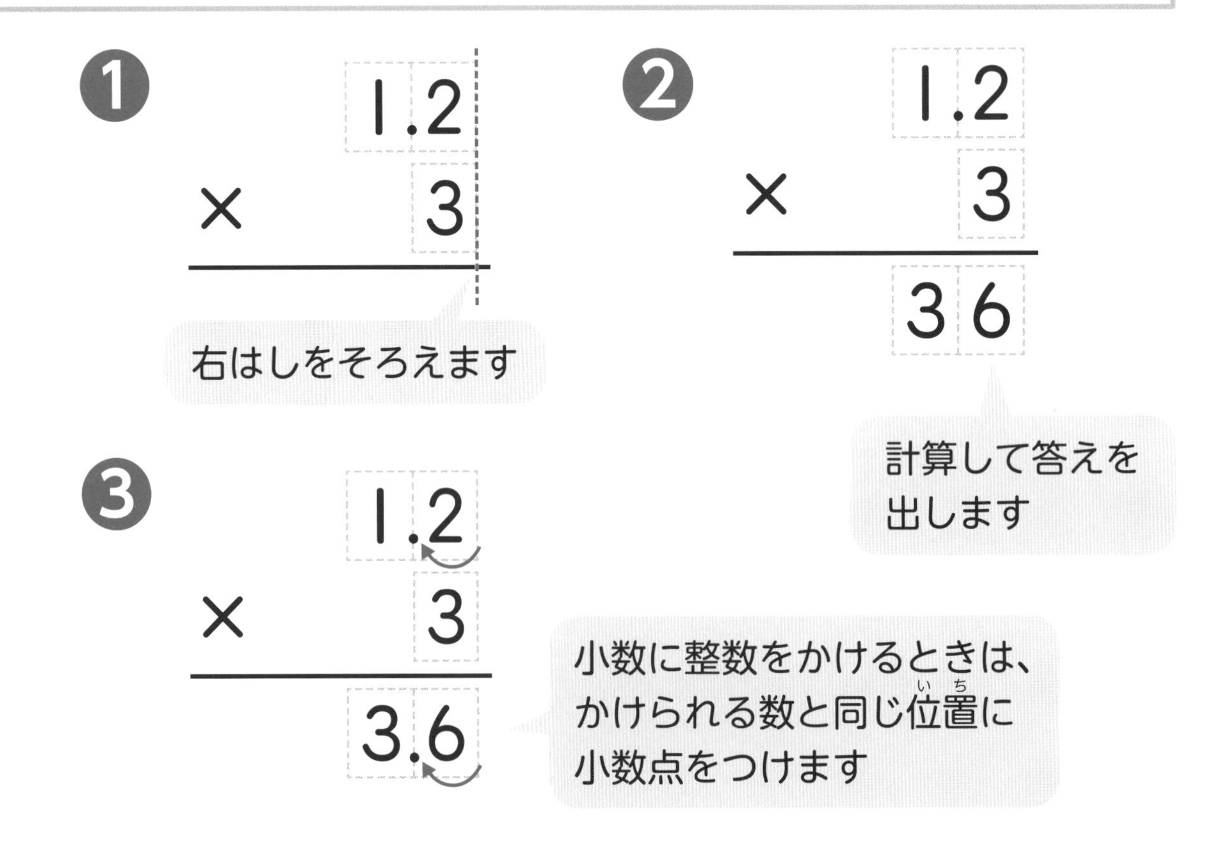

右はしをそろえて計算します。12 × 3 の計算と同じ要領です。ただし、答えに小数点をつけ忘れないように注意します。

答え：3.6

ポイント

小数のかけ算は、整数のかけ算と同じように、数字の右はしをそろえて計算します。

219 2.71 × 5 を計算しましょう。

❶

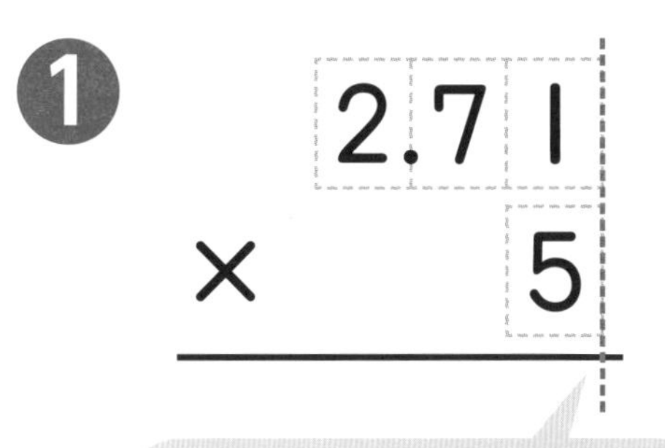

右はしをそろえます

❷

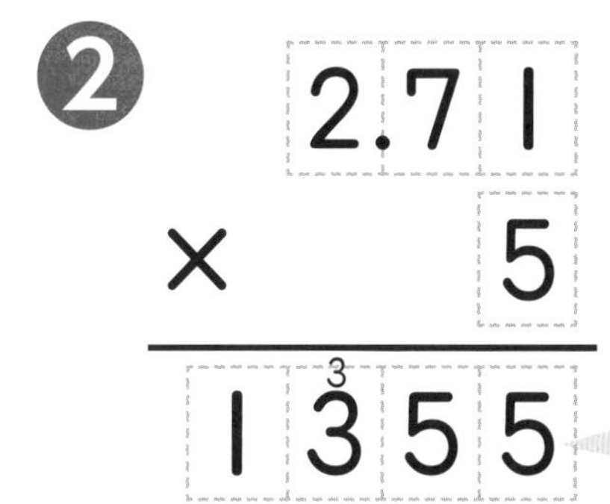

計算します

❸

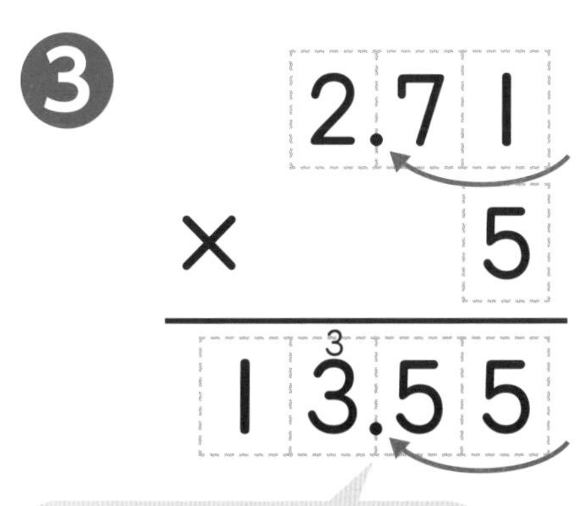

小数点をつけます

数字の右はしをそろえて整数と同じように計算します

答え： 13.55

220 2.5 × 12 を計算しましょう。

❶

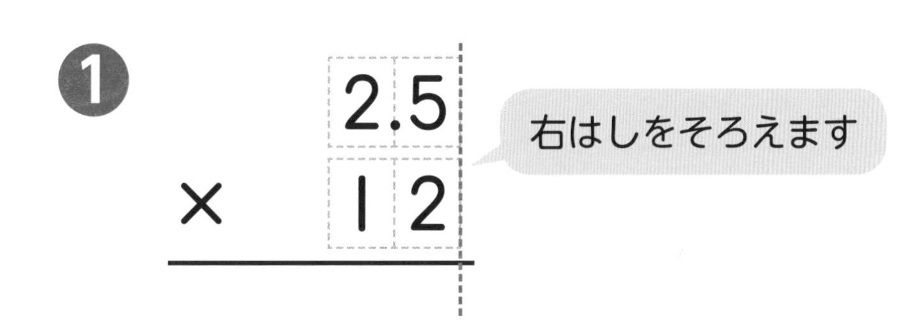

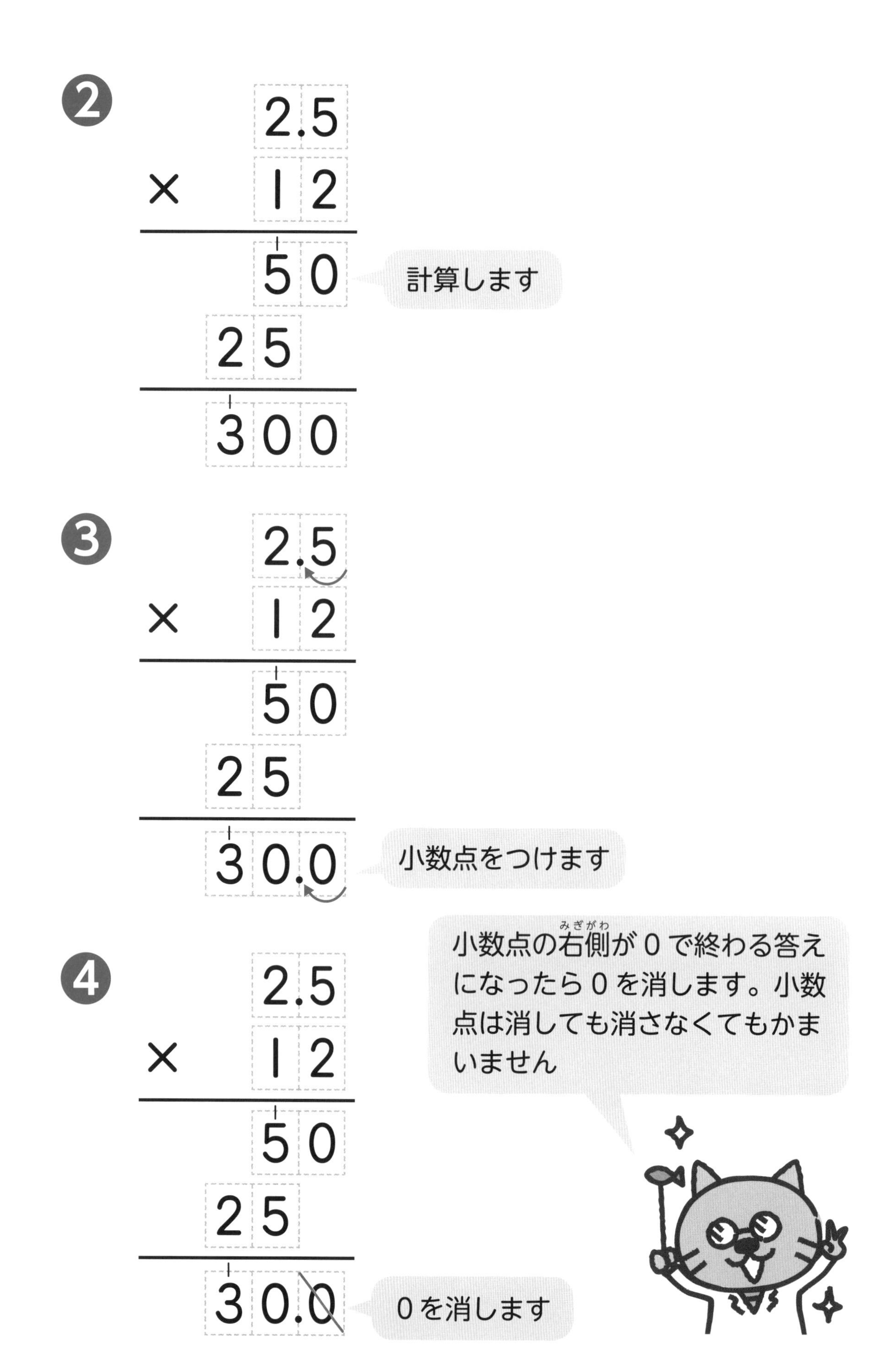
❷
2.5
× 12
50
25
300
計算します
❸
2.5
× 12
50
25
30.0
小数点をつけます
❹
2.5
× 12
50
25
30.0
0を消します
小数点の右側が 0 で終わる答えになったら 0 を消します。小数点は消しても消さなくてもかまいません

答え： 30

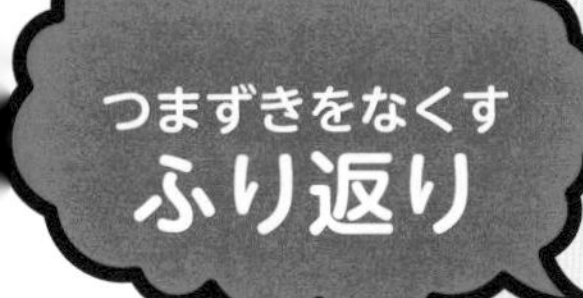

小4-12 小数のかけ算

[　　　] の中に入る数字や言葉を考えて入れてみましょう

221 0.76 × 15 を考えてみましょう。

❶

$$\begin{array}{r} 0.76 \\ \times\quad 15 \\ \hline \end{array}$$

[　　　] をそろえます

❷

$$\begin{array}{r} 0.76 \\ \times\quad 15 \\ \hline \square\square\square \\ \square\square \\ \hline \square\square\square\square \end{array}$$

❸

$$\begin{array}{r} 0.76 \\ \times\quad 15 \\ \hline \square\square\square \\ \square\square \\ \hline \square\square\square\square \end{array}$$

[　　　] をつけます

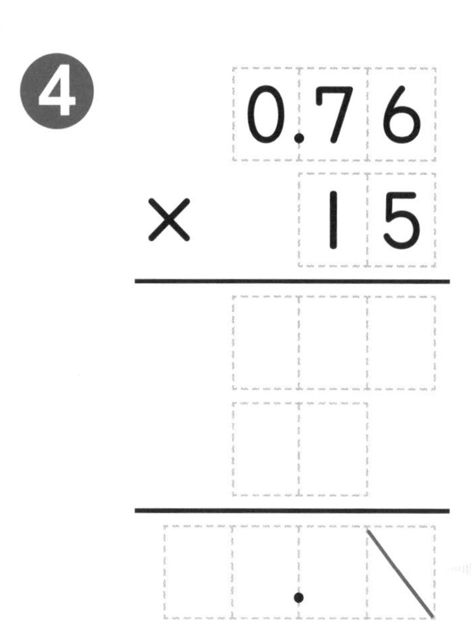

□を消します

答え：11.4

222 8.6 × 28 を考えてみましょう。

❶

8.6
× 28

右はしをそろえます

❷

8.6
× 28

数の右はしをそろえて
計算するんだね

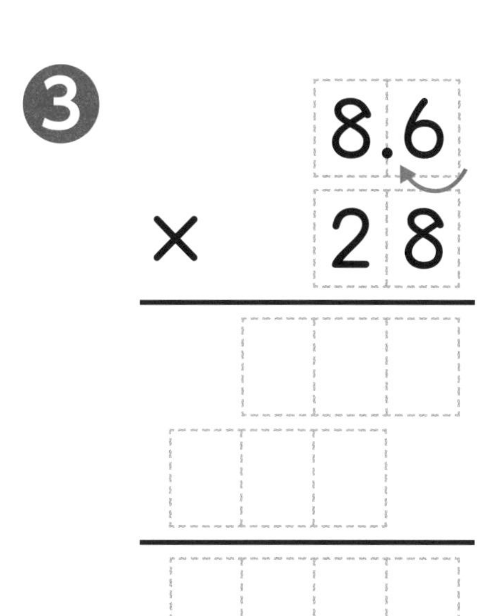

□をつけます

答え：240.8

小数点をつけるのを忘れないようにしましょう

小4-12 小数のかけ算

次の筆算をしましょう。　／8

223

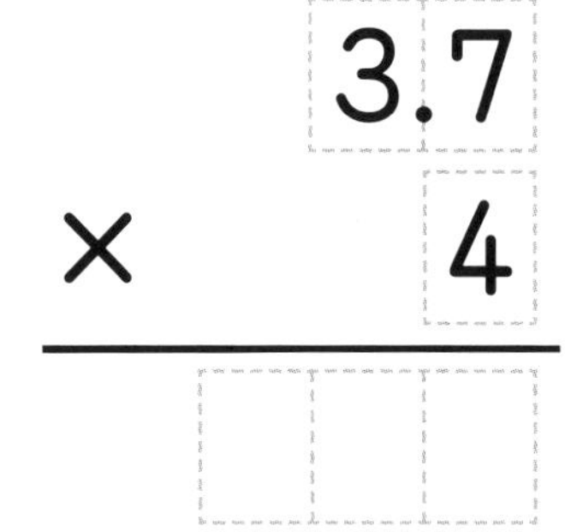

3.7×4

224

1.8×14

225

4.2×33

226

0.34×15

数の右はしをそろえて計算しよう。答えの小数点より右が 0 で終わっているときは、0 を消すんだ。
$0.45 \times 4 = 1.80 \rightarrow 1.8$

227

$$\begin{array}{r} 0.45 \\ \times \quad 5 \\ \hline \end{array}$$

228

$$\begin{array}{r} 6.3 \\ \times \quad 12 \\ \hline \end{array}$$

229

$$\begin{array}{r} 1.8 \\ \times \quad 34 \\ \hline \end{array}$$

230

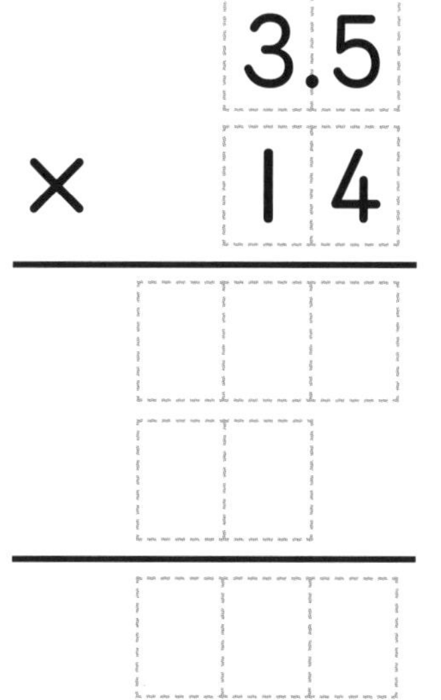

$$\begin{array}{r} 3.5 \\ \times \quad 14 \\ \hline \end{array}$$

次の問題に答えましょう。 ／6

231 2.4 × 6 ＝

232 0.67 × 5 ＝

233 3.2 × 24 ＝

234 0.43 × 21 ＝

235 9.5 × 37 ＝

236 1 本に 1.8L のはちみつが入ったびんが 25 本あります。全部ではちみつは何 L あるでしょうか。

計算などに使いましょう。

小4 13 小数のわり算

小数のわり算は、整数のわり算と同じように筆算します。答えが出たら、答えに小数点をつけます。答えの小数点の位置(いち)は、わられる数の小数点をそのままの位置(いち)で上に上げることでわかります

237 $0.81 \div 9$ を計算しましょう。

❶

$$
\begin{array}{r}
9 \overline{)\,0.81}
\end{array}
$$

81 ÷ 9 の計算と同じです

❷

$$
\begin{array}{r}
9 \\
9 \overline{)\,0.81} \\
81 \\
\hline
0
\end{array}
$$

9 × 9 = 81 →

計算して答えを出します

整数どうしのわり算と同じように計算します。81 ÷ 9 の計算と同じ要領(ようりょう)です。答えに小数点をつけるときは、わられる数の小数点の真上の位置(いち)につけます

小数点をつけ、0 を補(おぎな)います

❸

$$
\begin{array}{r}
0.09 \\
9 \overline{)\,0.81} \\
81 \\
\hline
0
\end{array}
$$

答え：0.09

ポイント

小数のわり算は、整数のわり算と同じように筆算できます。商の小数点をつけるのを忘(わす)れないように注意しましょう。

238 27.9 ÷ 3 を計算しましょう。

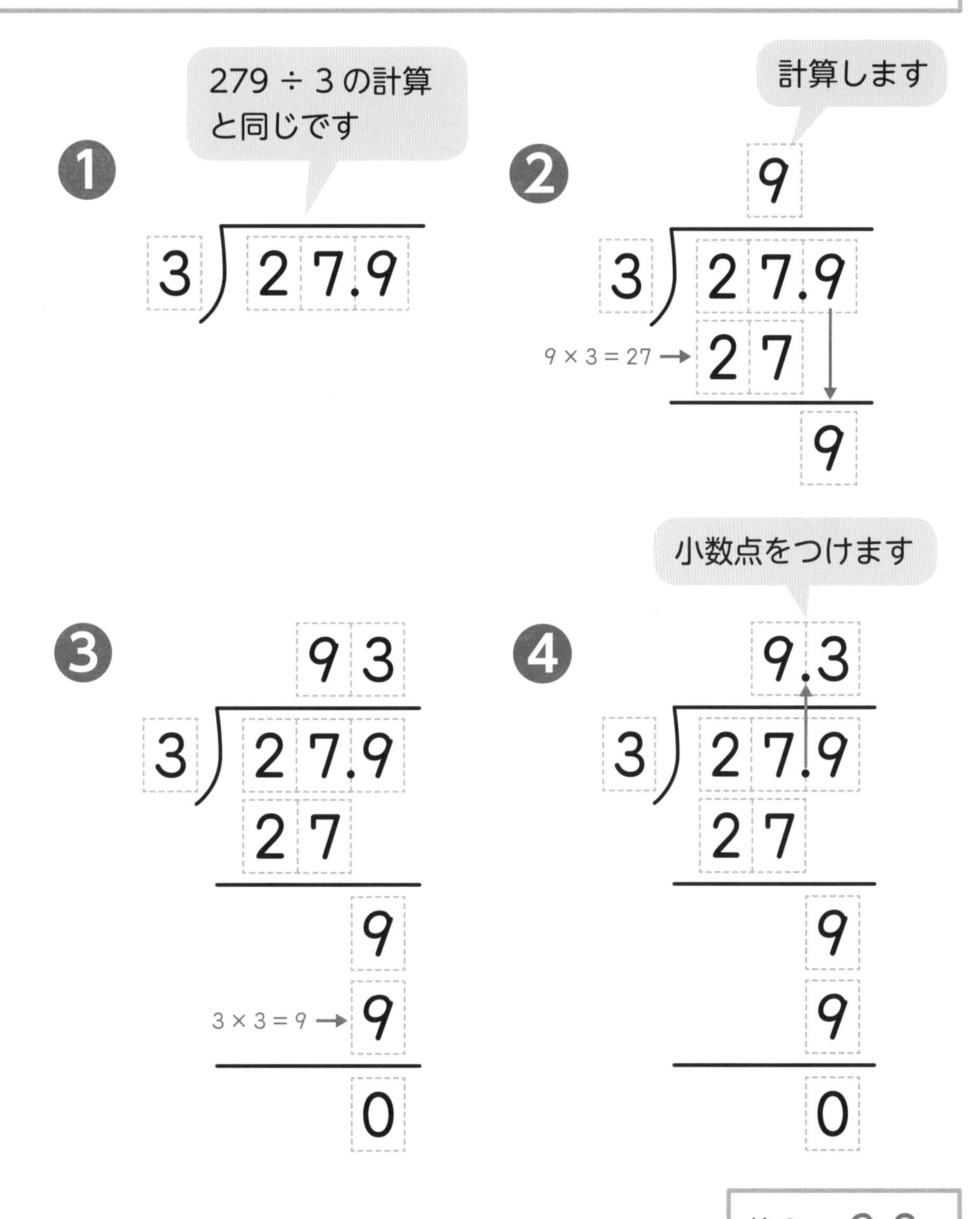

答え：9.3

つまずきをなくす
ふり返り

小4-13 小数のわり算

❶

7) 0.35

の計算と
同じです

❷

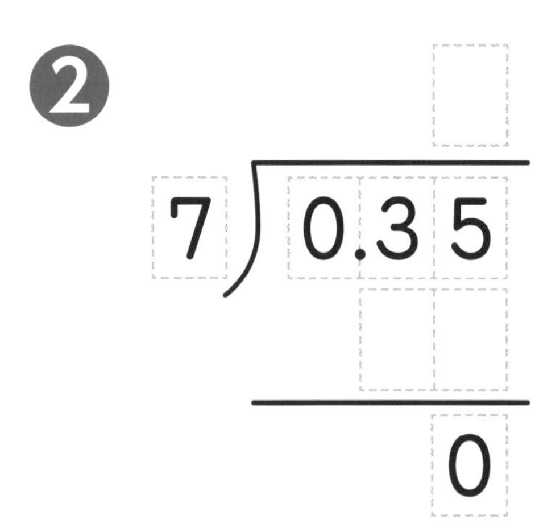

❸

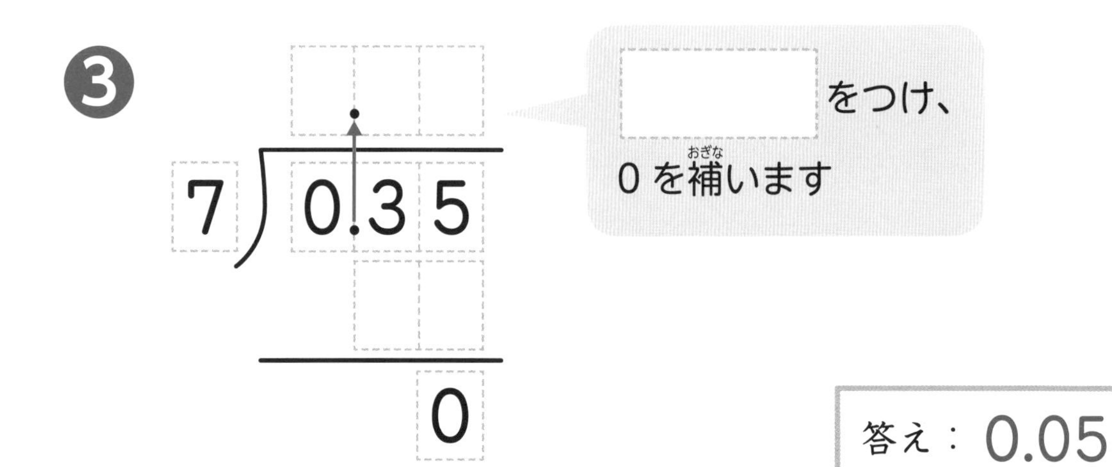

240 56.7 ÷ 9 を考えてみましょう。

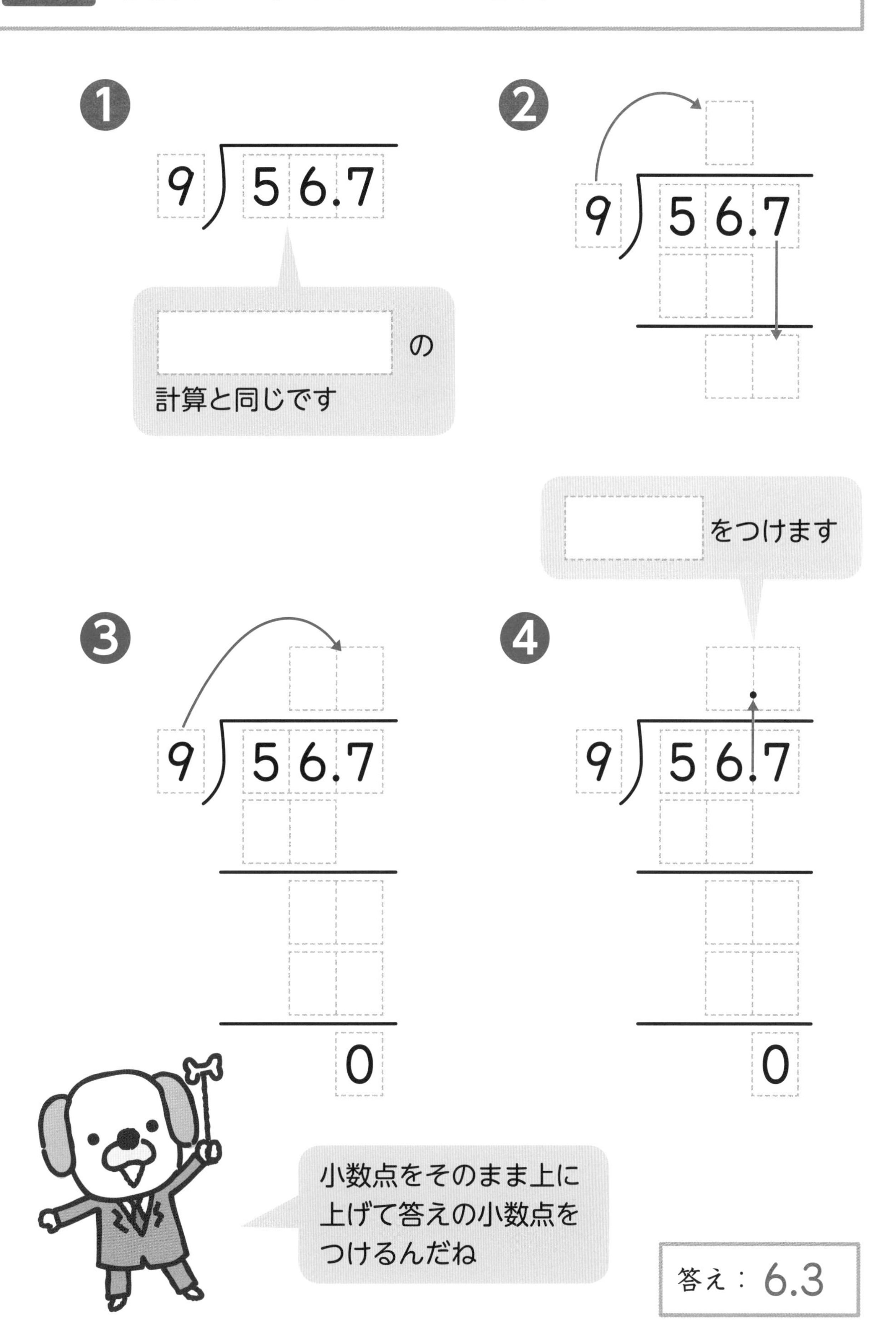

答え：6.3

小4-13 小数のわり算

次の筆算をしましょう。　／8

241

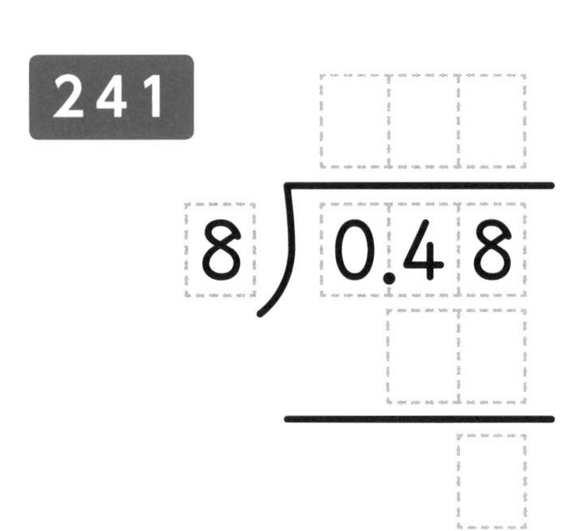

242

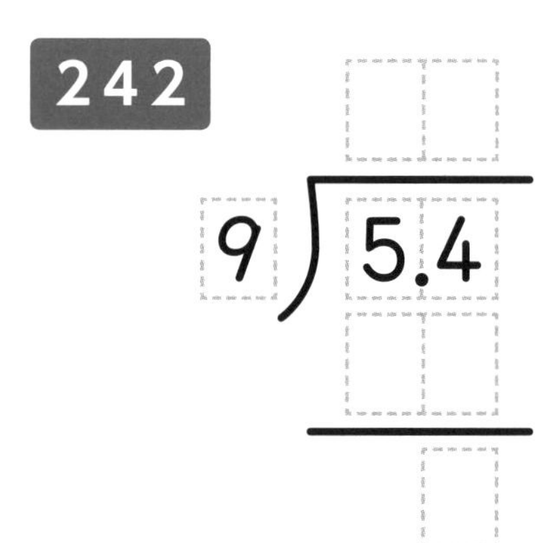

243

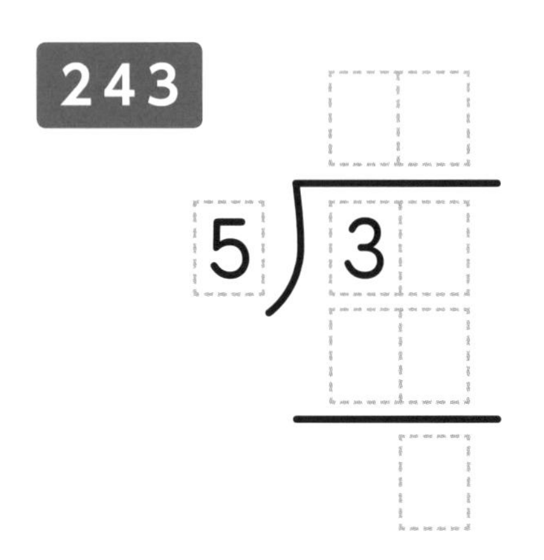

244

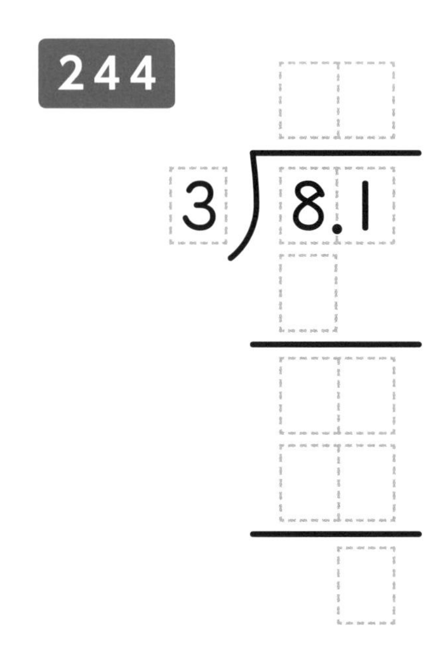

整数 ÷ 整数の計算でも、答えが小数になるものがあるよ。
たとえば、$4 \div 5 = 4.0 \div 5$ と考えて、答えは 0.8 だよ

245

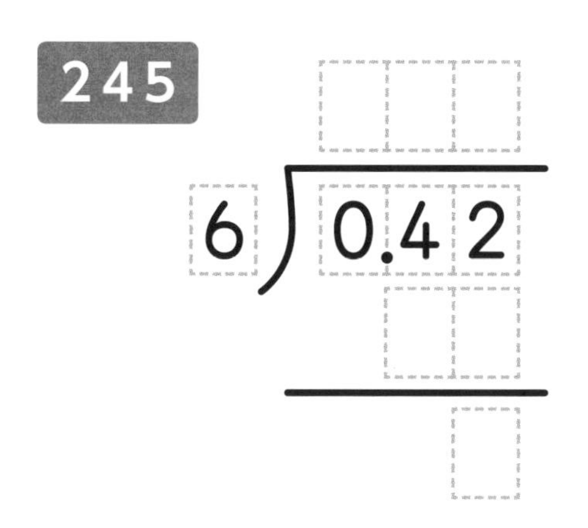

246

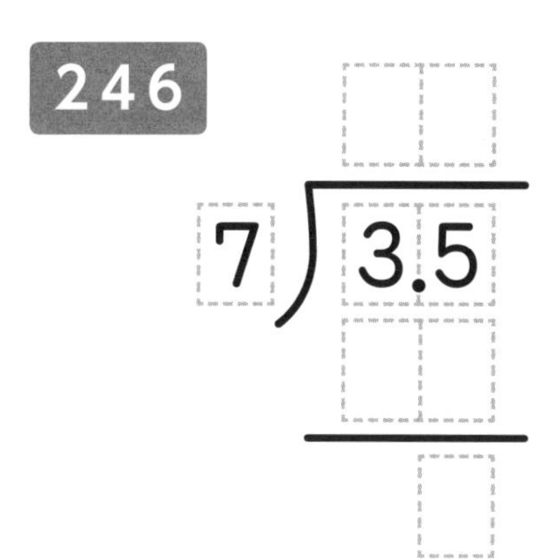

247

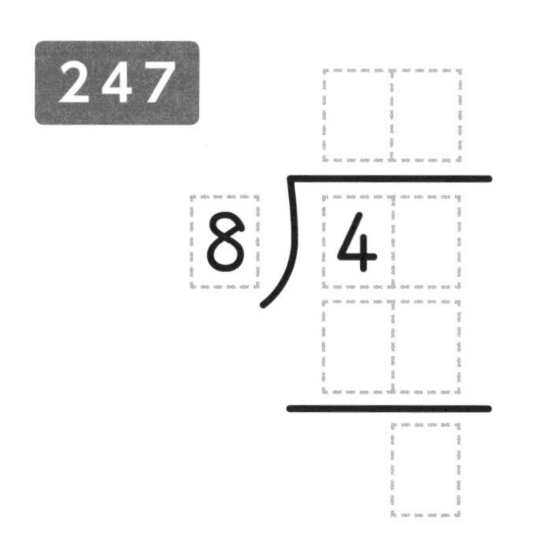

248

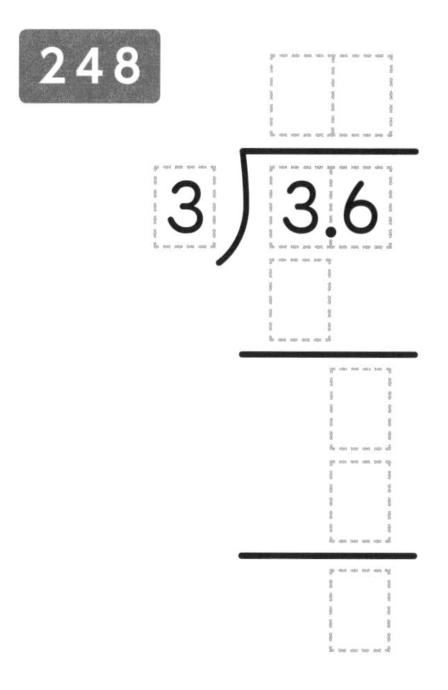

たしかめよう

次の問題に答えましょう。　／6

249 $58.8 \div 7 =$

250 $9.6 \div 3 =$

251 $54.3 \div 3 =$

252 $25.8 \div 6 =$

253 $5.67 \div 7 =$

書いてみよう

254 長さが 37.2m あるテープを 6 等分します。
1 本は何 m になるでしょうか。

計算などに使いましょう。

小4 14 小数のわり算(四捨五入あり・なし)

小数のわり算は、答えがわり切れない場合にどんどんわり続けていくことができます。それでわり切れることもあれば、どんなにわり続けてもわり切れない場合もあります。そのような場合、四捨五入して答えをがい数で求めることがあります

次の計算の商を、四捨五入して $\frac{1}{10}$ の位までのがい数で求めましょう。

255 34 ÷ 9 を計算しましょう。

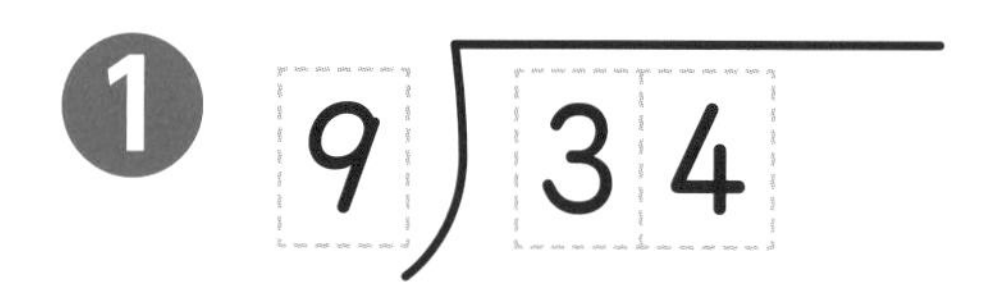

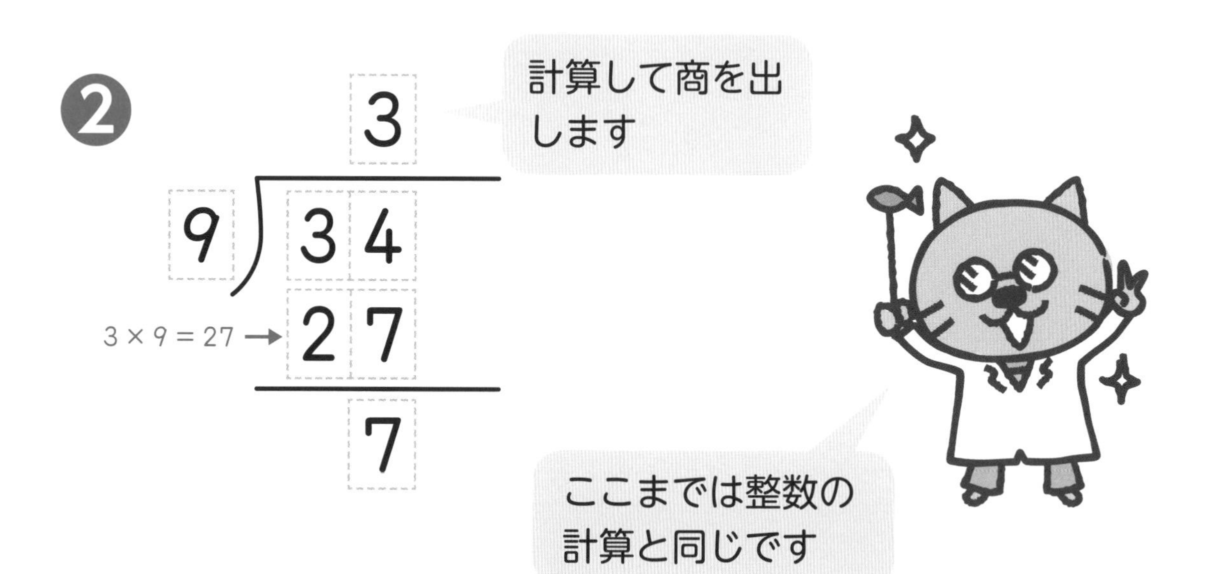

ポイント

四捨五入によってがい数で答えを求めたいときは、求めたい位の1つ下の位まで求めて、四捨五入します。$\frac{1}{10}$の位まで求めたいときは、$\frac{1}{100}$の位まで求めて四捨五入します。

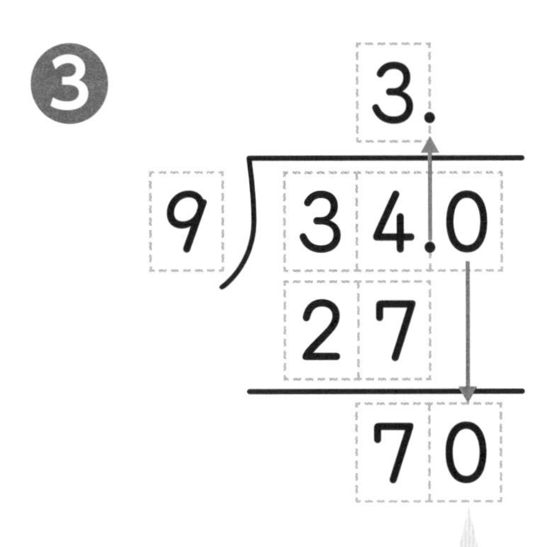

34を34.0と考え、0を下ろします。
商に小数点をつけます

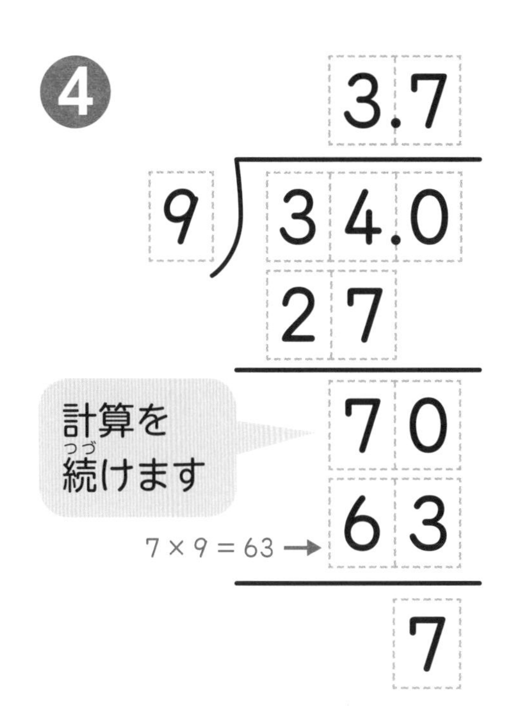

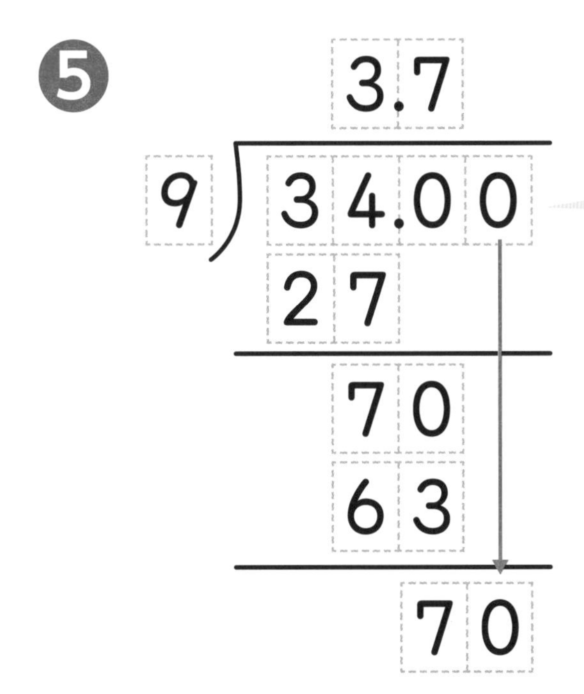

$\frac{1}{100}$の位にも0があると考えて下ろします

❻

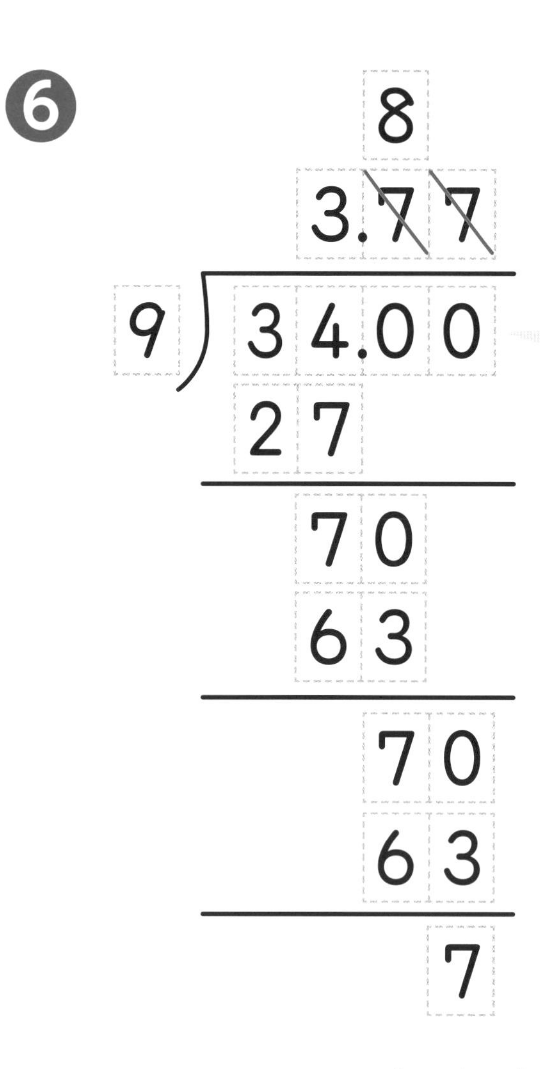

$\frac{1}{100}$の位まで商を立てたら、四捨五入して$\frac{1}{10}$の位までのがい数にします

わられる数の小数点以下、最後の位に0があるものとして計算を続け、$\frac{1}{10}$の位までのがい数になるように計算（$\frac{1}{100}$の位まで商を立てて四捨五入）します。

求めたい位の1つ下の位まで計算してから四捨五入します

答え：3.8

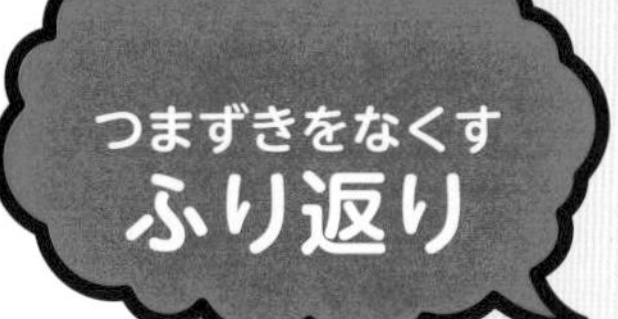

小4-14 小数のわり算（四捨五入あり・なし）

の中に入る数字や言葉を考えて入れてみましょう

256 23 ÷ 8 を考えてみましょう（商を四捨五入して $\frac{1}{10}$ の位までのがい数で求めましょう）。

❶

8) 23

❷

2

8) 23

16

7

計算して商を出します

❸

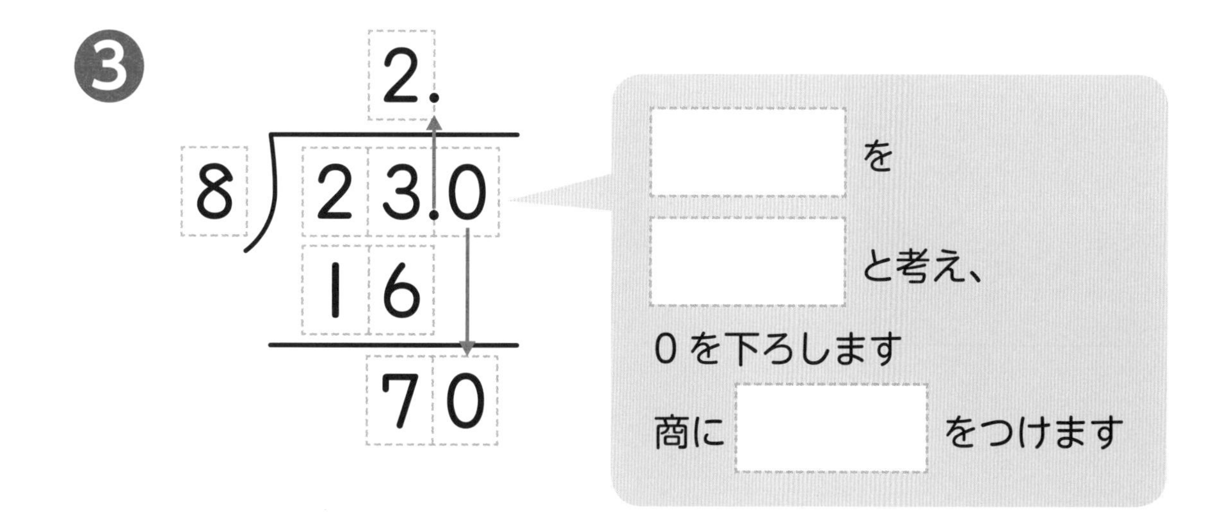

❹

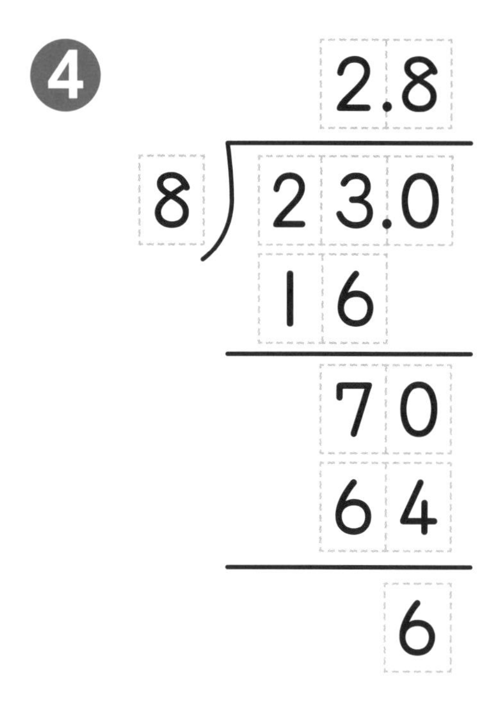

小数点より下は０と
考えればいいんだネ

❺

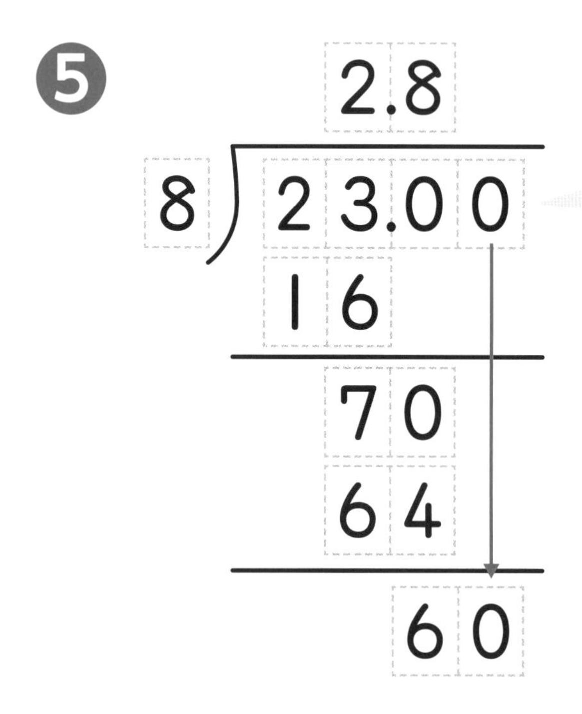

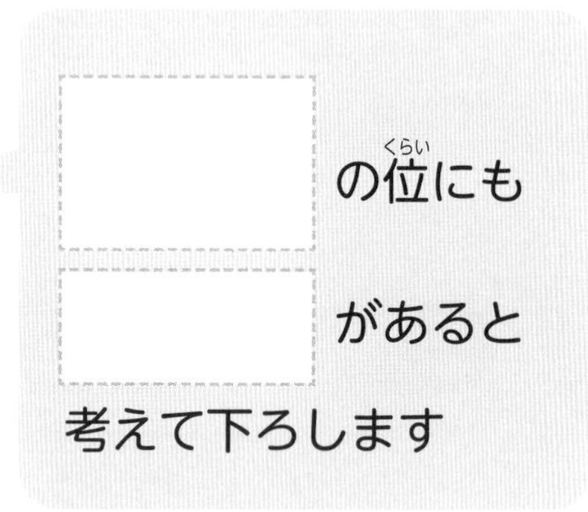

数を下ろすとき、
左右にずれないよ
うに気をつけよう

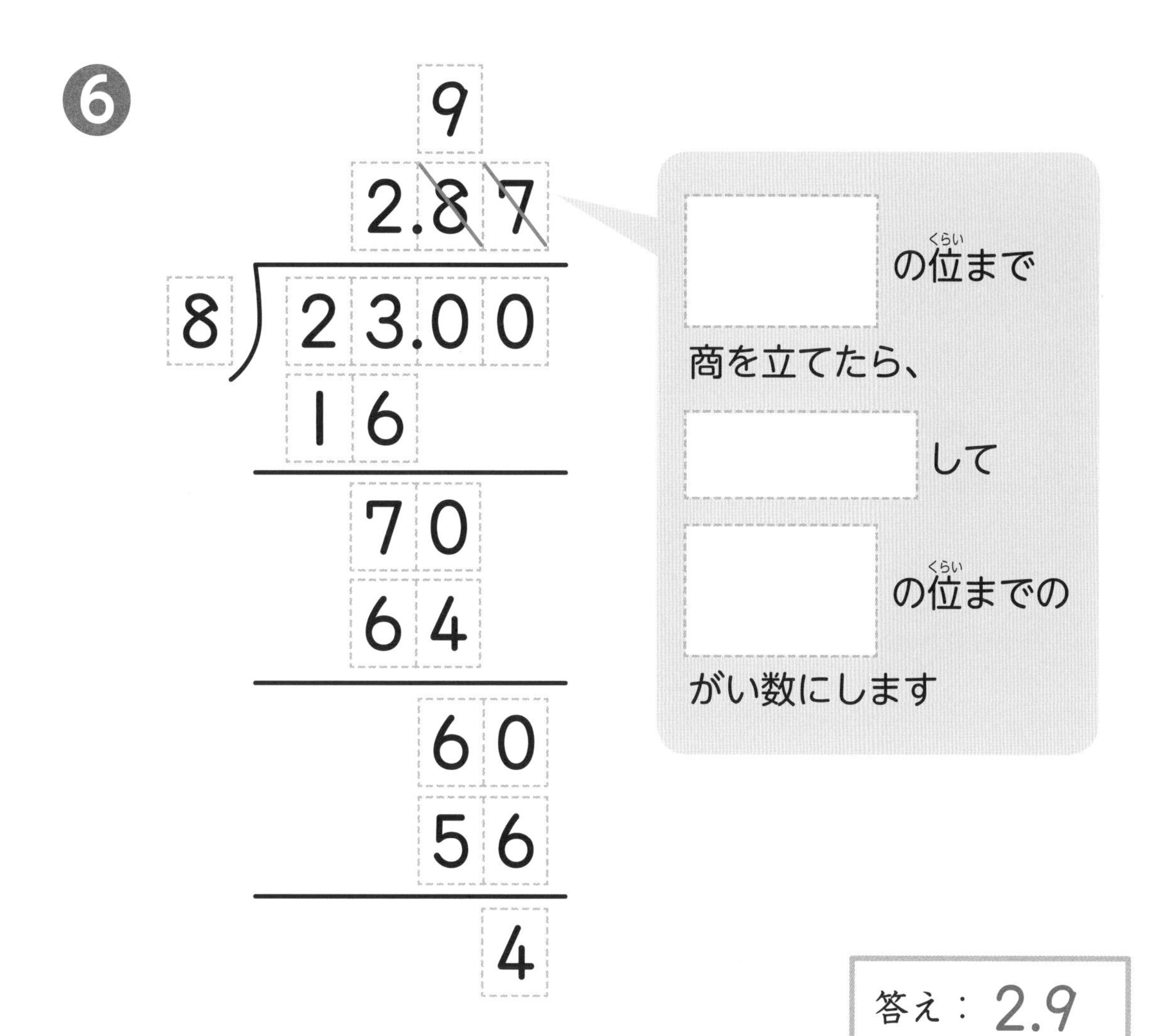
6
9
2.87
8
23.00
16
70
64
60
56
4
の位まで
商を立てたら、
して
の位までの
がい数にします

答え：2.9

最後まで気をぬかず
正しく計算しましょう

小4-14 小数のわり算（四捨五入あり・なし）

やって
みよう

次の筆算について、商を四捨五入して $\frac{1}{10}$ の位までのがい数で求めましょう。

／8

257

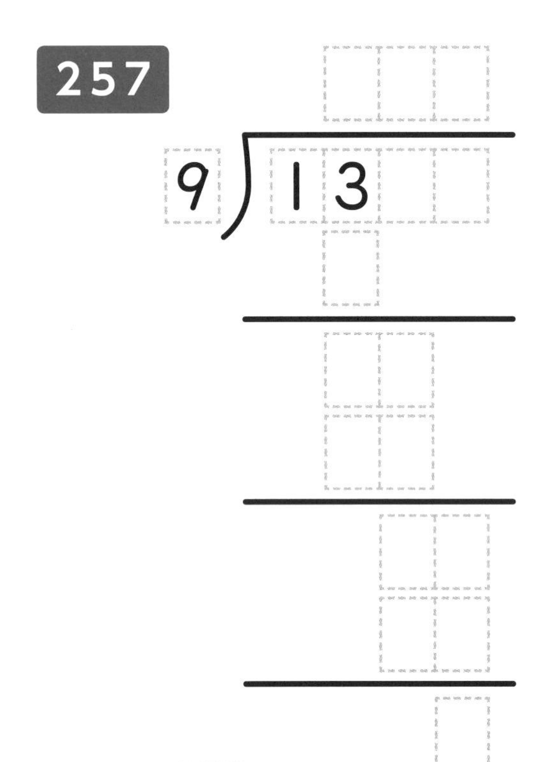

258

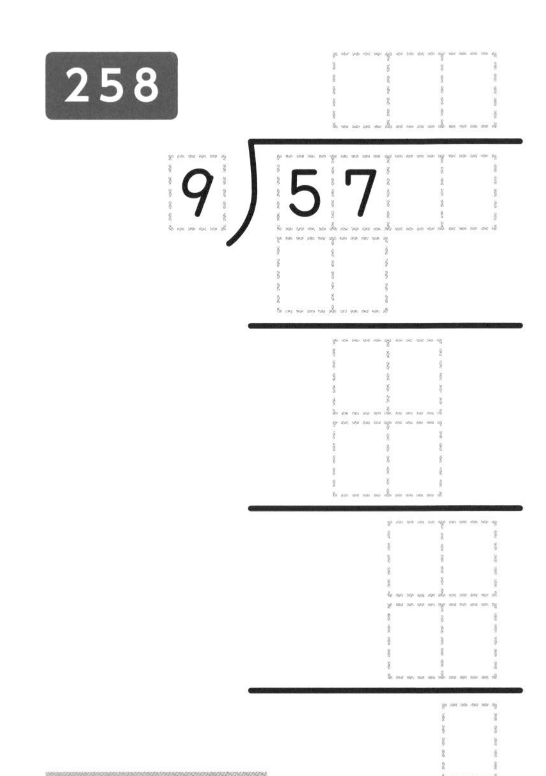

259

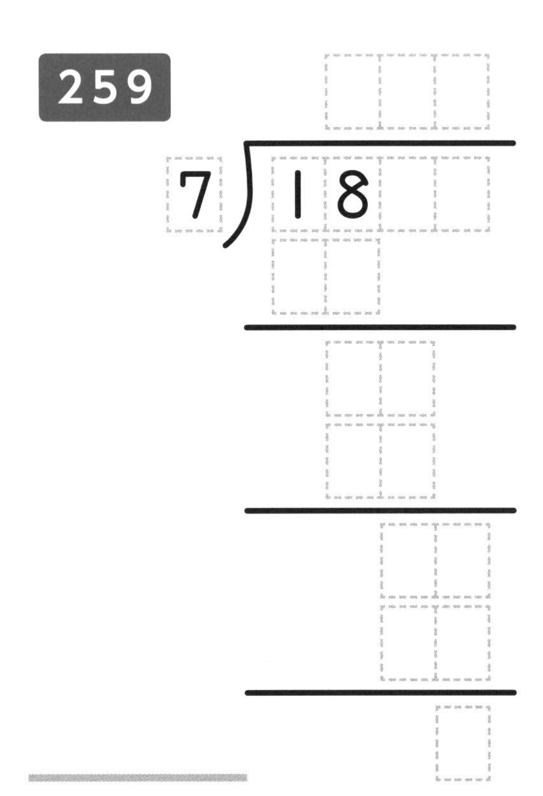

260

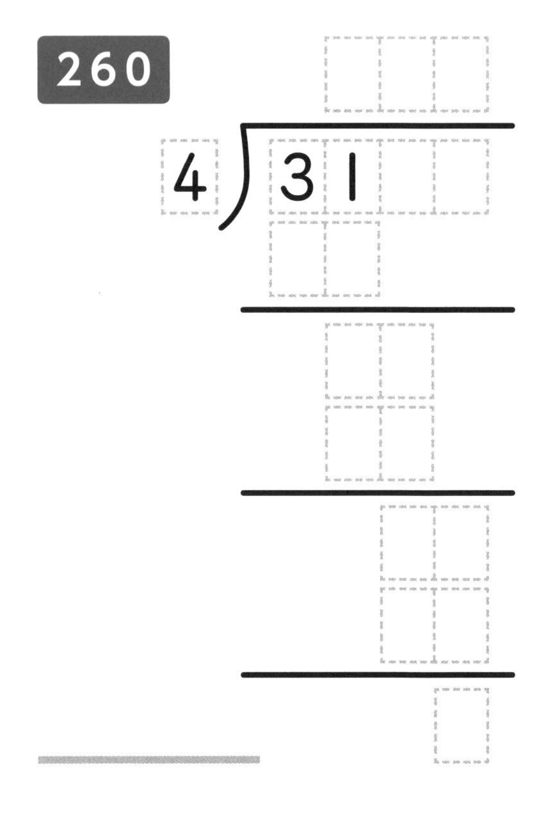

整数÷整数の計算でも、一の位(くらい)の右に小数点があると考えれば、$\frac{1}{100}$の位(くらい)まで計算することができるよ。
43 ÷ 9 → 43.00 ÷ 9 と考えるんだね

261

9) 87

262

9) 43

263

6) 22

264

7) 39

たしかめよう

次の問題に答えましょう。　／6

265　$50.4 \div 7 =$ ＿＿＿＿＿＿

（わり切れるまで計算しましょう）

266　$88.8 \div 6 =$ ＿＿＿＿＿＿

（わり切れるまで計算しましょう）

267　$96 \div 17 =$ ＿＿＿＿＿＿

（四捨五入して $\frac{1}{10}$ の位までのがい数で求めましょう）

268　$158 \div 30 =$ ＿＿＿＿＿＿

（四捨五入して $\frac{1}{10}$ の位までのがい数で求めましょう）

269　$128 \div 26 =$ ＿＿＿＿＿＿

（四捨五入して $\frac{1}{10}$ の位までのがい数で求めましょう）

書いてみよう

270　70kg のお米を、12 個のふくろに等しく入れていきます。1 つのふくろに入るお米の重さはおよそ何 kg ですか。四捨五入して $\frac{1}{10}$ の位までのがい数で求めましょう。

＿＿＿＿＿＿

計算などに使いましょう。

ピキ君とニャンキチ君が、
同じ小数のかけ算をしました。

$$4.8 \times 15 =$$

ピキ君

小数の筆算では、小数点をそろえることが大切なんだよね。

ニャンキチ君

小数のかけ算は、右はしをそろえて筆算をすればいいんだニャン。

ピキ君の筆算

```
      4.8
 ×  1 5.0
 ---------
      0 0
  2 4 0
  4 8
 ---------
  7 2.0 0
```

（繰り上がりの小さい数字：4、1。答えの小数点以下の 0 0 には斜線が引かれている）

ニャンキチ君の筆算

```
    4.8
 ×  1 5
 -------
  2 4 0
  4 8
 -------
  7 2.0
```

（繰り上がりの小さい数字：4、1。答えの小数点以下の 0 には斜線が引かれている）

どちらも同じ答えになっていますが、何がちがうのでしょうか？ 答えは別冊（べっさつ）29ページ

CHAPTER

分数

小4 15 分数のしくみ

小数とともに、1よりも小さい数を表すときに使うのが、分数です。1を3個に分けた1つを$\frac{1}{3}$、4個に分けた1つを$\frac{1}{4}$といいます。つまり、$\frac{3}{3}$や$\frac{4}{4}$は1と同じということになります。分数の上の数字を分子、下の数字を分母といいます。$\frac{5}{4}$は$\frac{4}{4}$(つまり1)よりも大きい数ということになり、$1\frac{1}{4}$(いちとよんぶんのいち)とも書きます。$\frac{1}{4}$のような表し方を真分数、$\frac{5}{4}$のような表し方を仮分数、$1\frac{1}{4}$のような表し方を帯分数といいます

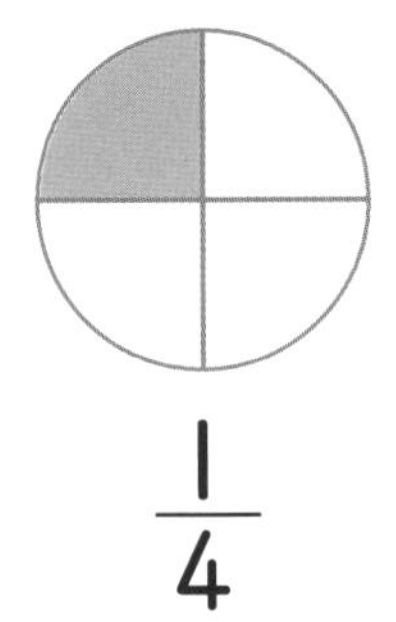

$\frac{1}{4}$

$\frac{3}{4}$

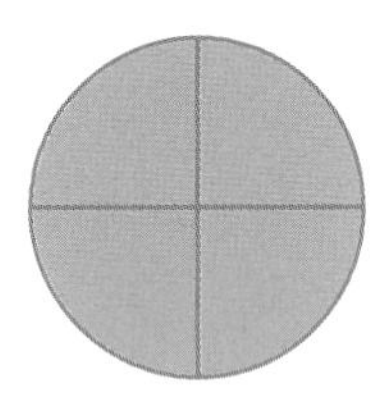

$\frac{4}{4}=1$

$\frac{5}{4}=1\frac{1}{4}$

分子（ぶんし）……上の数字

分母（ぶんぼ）……下の数字

□に当てはまる数字を書きましょう。

271 $3=\frac{\square}{2}$

$1=\frac{2}{2}$なので、

$3=\frac{6}{2}$ということになります。

ポイント

1つのものをいくつかに分けたいくつ分かを表すのが分数です。
3つに分けた3つ分（$\frac{3}{3}$）も、4つに分けた4つ分（$\frac{4}{4}$）も同じで、1です。

272 $4=\frac{\square}{4}$

$1=\frac{4}{4}$なので、
$4=\frac{16}{4}$ということになります。

次の帯分数を仮分数に、仮分数を帯分数に直しましょう。

273 $1\frac{3}{5}=\square$

$1=\frac{5}{5}$なので、$\frac{5}{5}$と$\frac{3}{5}$で、$\frac{8}{5}$です。
$5\times1+3=8$と計算すればいいですね。

274 $\frac{11}{4}=\square$

$\frac{8}{4}=2$なので、2と$\frac{3}{4}$で、$2\frac{3}{4}$です。
$11\div4=2$あまり3と計算すればいいですね。

大きい方を答えましょう。

275 $\frac{11}{4}$、$3\frac{3}{4}$

$3\frac{3}{4}$を仮分数に直すと$\frac{15}{4}$、
大きいのは$3\frac{3}{4}$です。

276 $3\frac{3}{5}$、$\frac{17}{5}$

$3\frac{3}{5}$を仮分数に直すと$\frac{18}{5}$、
大きいのは$3\frac{3}{5}$です。

小4-15 分数のしくみ

空らんの中に入る数字を考えて入れてみましょう

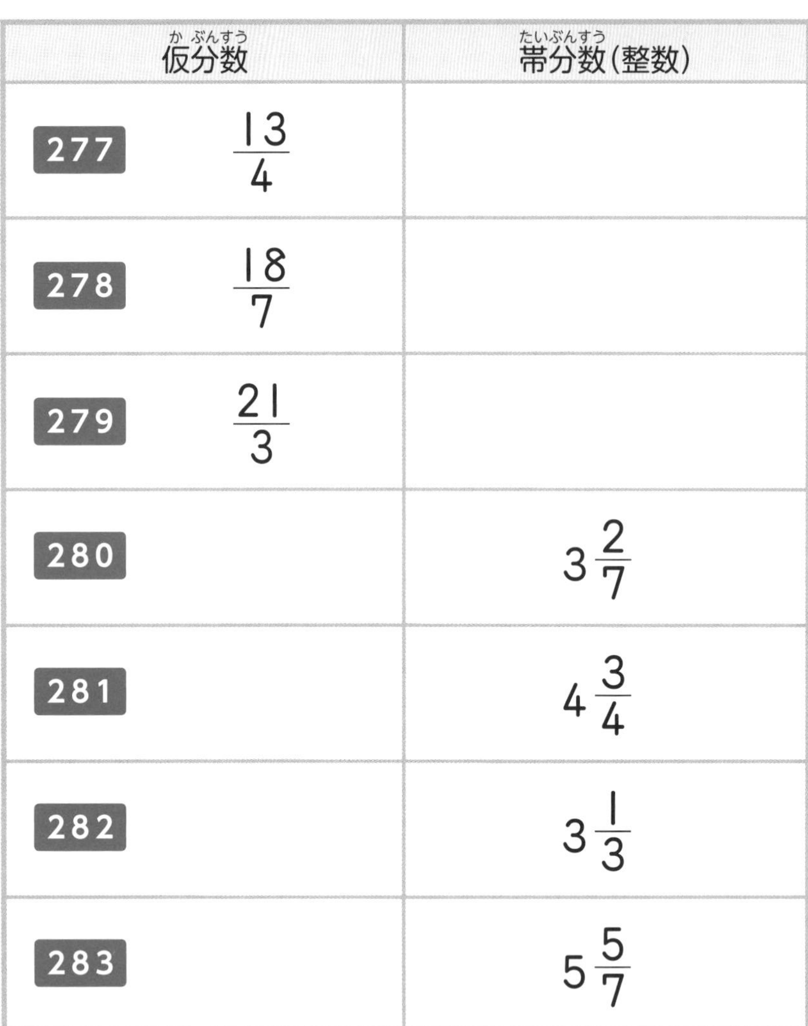

	仮分数	帯分数（整数）
277	$\frac{13}{4}$	
278	$\frac{18}{7}$	
279	$\frac{21}{3}$	
280		$3\frac{2}{7}$
281		$4\frac{3}{4}$
282		$3\frac{1}{3}$
283		$5\frac{5}{7}$

277 仮分数$\frac{13}{4}$を帯分数に直しましょう。

$\frac{4}{4}=1$ なので、$13 \div 4 = 3$ あまり 1 より、

整数部分が □ 、分子が □ でいいですね。

$\frac{13}{4} =$ □

280 帯分数 $3\frac{2}{7}$ を仮分数に直しましょう。

$\frac{7}{7}=1$ なので、$7\times3+2=$ □ が分子でいいですね。

$3\frac{2}{7}=$ □

284 3、$2\frac{2}{7}$、$\frac{23}{7}$ を大きい順に並べましょう。

すべて仮分数に直すと

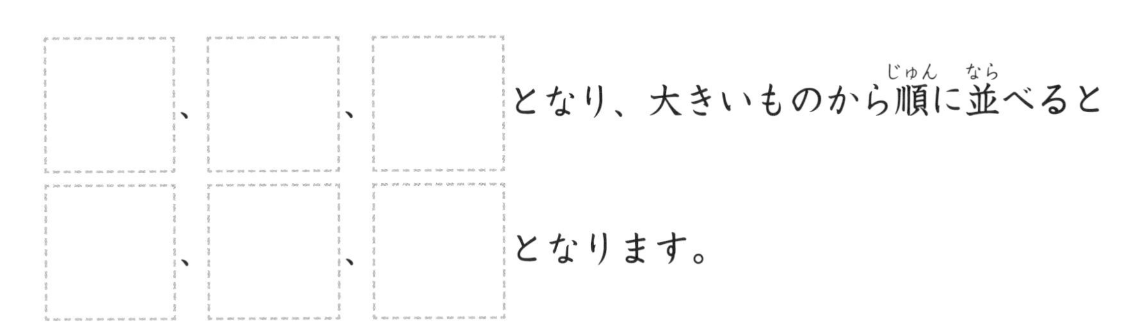

285 $5\frac{2}{5}$、7、$\frac{24}{5}$ を大きい順に並べましょう。

すべて仮分数に直すと

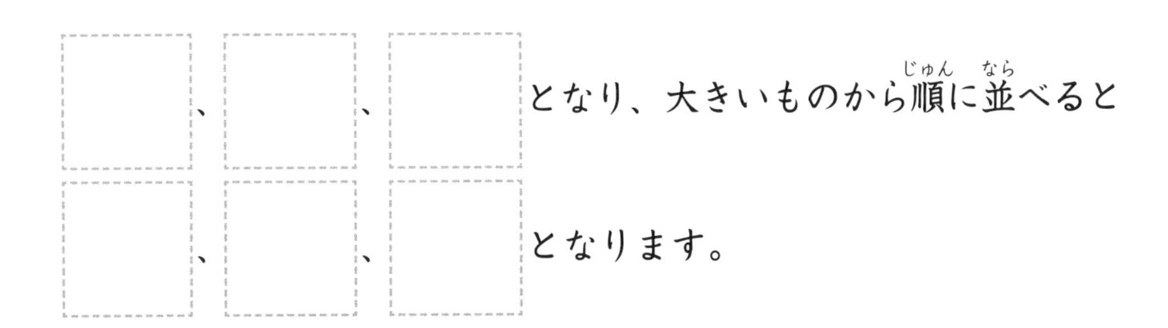

小4-15 分数のしくみ

やって
みよう

次の帯分数を仮分数に、
仮分数を帯分数に直しましょう。

／10

286 $\frac{32}{5} =$ □

287 $\frac{23}{3} =$ □

288 $\frac{19}{7} =$ □

289 $\frac{51}{8} =$ □

290 $\frac{39}{9} =$ □

291 $7\frac{2}{3} =$ □

292 $11\frac{2}{5} =$ □

293 $7\frac{5}{8} =$ □

294 $16\frac{2}{3} =$ □

295 $3\frac{3}{19} =$ □

仮分数→帯分数のときは $\frac{11}{4}$ → $11 \div 4 = 2$ あまり 3 なので $2\frac{3}{4}$

帯分数→仮分数のときは $3\frac{5}{8}$ → $8 \times 3 + 5 = 29$ なので $\frac{29}{8}$

たしかめよう

大きい方に丸をつけましょう。

296 3 、 $\frac{18}{5}$

297 $2\frac{7}{12}$ 、 $\frac{29}{12}$

298 $\frac{17}{6}$ 、 $3\frac{1}{6}$

299 $\frac{29}{11}$ 、 3

300 $8\frac{7}{8}$ 、 $\frac{70}{8}$

たしかめよう

大きい順(じゅん)に並(なら)べましょう。　／5

301 $3\frac{3}{5}$、$\frac{17}{5}$、4

302 $4\frac{3}{4}$、$\frac{22}{4}$、$5\frac{1}{4}$

303 $7\frac{5}{11}$、7、$\frac{80}{11}$

304 9、$9\frac{6}{7}$、$\frac{71}{7}$

305 $8\frac{3}{8}$、$\frac{69}{8}$、9

計算などに使いましょう。

小4 16 分数のたし算・ひき算

分母が同じ分数どうしのたし算、ひき算は、
分子どうしをたしたりひいたりします。
たとえば、$\frac{1}{4}+\frac{2}{4}$を考えてみます

$\frac{1}{4}$ は図で表すと

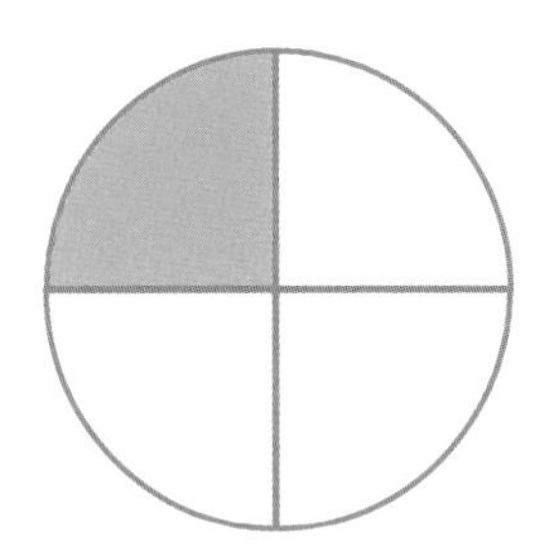

$\frac{2}{4}$ は

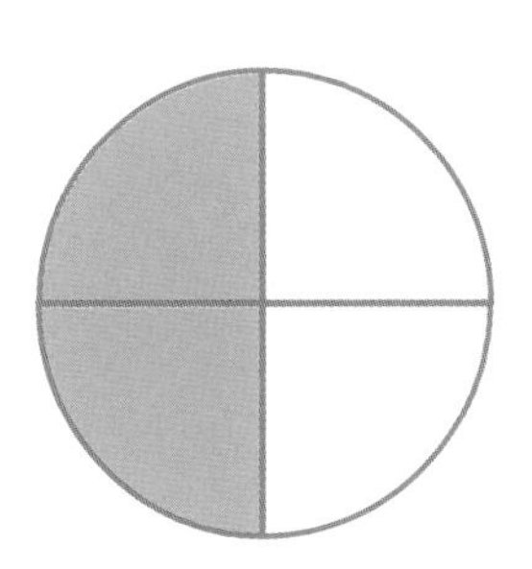

なので、合わせると

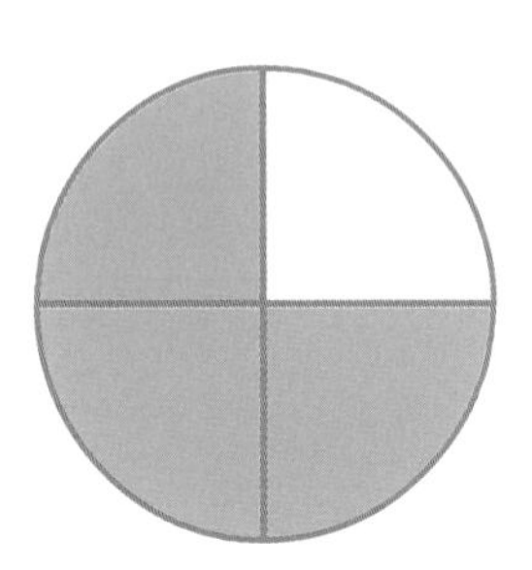

となり、答えは $\frac{3}{4}$ です。分母の 4 はそのまま、分子だけを

$$\frac{1}{4}+\frac{2}{4}=\frac{1+2}{4}=\frac{3}{4}$$

と、たし算すればいいのです。

分数どうしのたし算、ひき算では、いくつかに分けたときの何個分と何個分かで考えます。

ひき算も同じで、

$$\frac{5}{8} - \frac{3}{8} = \frac{5-3}{8} = \frac{2}{8}$$

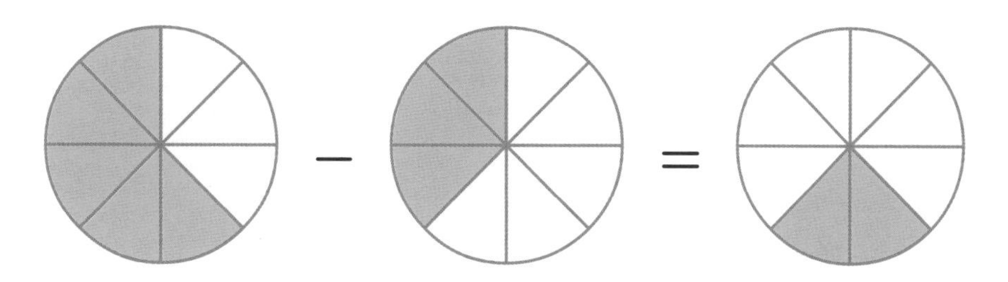

と計算します。

たし算した答えが仮分数になったときは、帯分数や整数に直します。

$$\frac{1}{4} + \frac{3}{4} = \frac{1+3}{4} = \frac{4}{4} = 1$$

$$\frac{5}{8} + \frac{5}{8} = \frac{5+5}{8} = \frac{10}{8} = 1\frac{2}{8}$$

つまずきをなくす
ふり返り

小4-16 分数のたし算・ひき算

計算をしましょう。

306 $\frac{1}{4}+\frac{2}{4}=\frac{\square+\square}{4}=\square$

307 $\frac{1}{9}+\frac{7}{9}=\frac{\square+\square}{9}=\square$

308 $\frac{3}{5}+\frac{4}{5}=\frac{\square+\square}{5}=\square=\square$

答えが仮分数になったら帯分数に

309 $\frac{7}{8}+\frac{5}{8}=\frac{\square+\square}{8}=\square=\square$

答えが仮分数になったら帯分数に

310 $\frac{5}{7}-\frac{2}{7}=\frac{\square-\square}{7}=\square$

311 $\frac{11}{6} - \frac{7}{6} = \frac{\square - \square}{6} = \square$

分数部分だけたし算すると……

312 $\frac{3}{8} + 1\frac{5}{8} = 1\frac{\square}{\square} = \square$

整数どうし、分数どうし
をそれぞれたし算

313 $1\frac{1}{6} + 1\frac{5}{6} = 2\frac{\square}{\square} = \square$

帯分数(たいぶんすう)を仮分数(かぶんすう)に直して
計算しよう

314 $1\frac{1}{7} - \frac{5}{7} = \frac{\square - \square}{7} = \square$

3を帯分数(たいぶんすう)に直すと$2\frac{6}{6}$

315 $3 - 2\frac{5}{6} = \square$

小4-16 分数のたし算・ひき算

次の計算をしましょう。 ／12

316 $\frac{1}{5}+\frac{3}{5}=$ ＿＿＿＿

317 $1\frac{2}{7}+\frac{4}{7}=$ ＿＿＿＿

318 $1\frac{2}{3}+\frac{2}{3}=$ ＿＿＿＿

319 $2\frac{2}{5}+\frac{3}{5}=$ ＿＿＿＿

320 $1\frac{7}{8}+2\frac{3}{8}=$ ＿＿＿＿

321 $2\frac{5}{7}-\frac{4}{7}=$ ＿＿＿＿

ひき算ができないときは、1 をくり下げよう。

分数の 1 のくり下げ方は $3-\frac{7}{8}$ → 3 のうちの $1=\frac{8}{8}$ なので、

$3=2\frac{8}{8}$　$2\frac{8}{8}-\frac{7}{8}=2\frac{1}{8}$

322 $1-\frac{2}{3}=$

323 $2-\frac{5}{7}=$

324 $1\frac{5}{9}-\frac{7}{9}=$

325 $2\frac{4}{6}-1\frac{3}{6}=$

326 $4-3\frac{5}{6}=$

327 $2\frac{5}{7}-\frac{5}{7}=$

たしかめよう

次の問題に答えましょう。　／6

328 $3+\frac{3}{5}=$

329 $2\frac{6}{7}+\frac{3}{7}=$

330 $1\frac{3}{4}+2\frac{2}{4}=$

331 $3-\frac{4}{9}=$

332 $2\frac{5}{8}-1\frac{7}{8}=$

書いてみよう

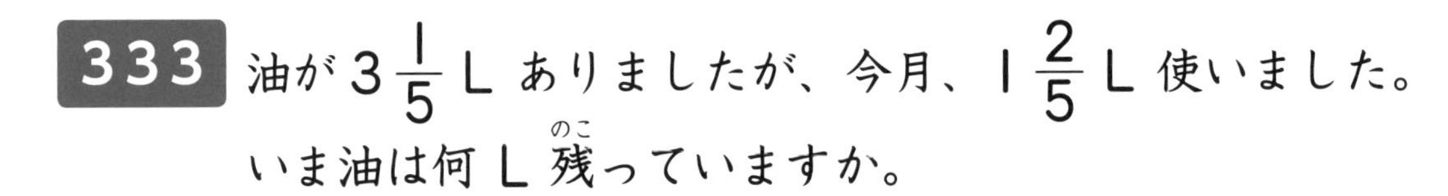

333 油が $3\frac{1}{5}$ L ありましたが、今月、$1\frac{2}{5}$ L 使いました。いま油は何 L 残(のこ)っていますか。

計算などに使いましょう。

ピキ君とニャンキチ君が、同じ分数のたし算をしました。

$$4+3\frac{3}{8}=$$

整数の部分どうし、分数の部分どうし、それぞれ計算をすればいいんだね。

ピキ君

このままでは分数の部分でたし算ができないから、4 を 3 + 1 と分けて、$1=\frac{8}{8}$ として計算すればいいニャン。

ニャンキチ君

ピキ君の考え

整数の部分は

$$4+3=7$$

分数の部分は $\frac{3}{8}$

$$4+3\frac{3}{8}=7\frac{3}{8}$$

ニャンキチ君の考え

$4=3+1$ と分けると、

$$4=3\frac{8}{8}$$

$$4+3\frac{3}{8}$$

$$=3\frac{8}{8}+3\frac{3}{8}$$

$$=6\frac{11}{8}=7\frac{3}{8}$$

どちらも同じ答えになっていますが、何がちがうのでしょうか。 答えは別冊(べっさつ)30ページ

CHAPTER

計算のきまり

小4 17 計算のきまり

計算の順序(じゅんじょ)には
❶かけ算・わり算は、たし算・ひき算よりも先に計算する
❷(　　)のある式では(　　)の中を先に計算する
という2つのきまりがあります。この2つに当てはまらない場合は左から順番(じゅんばん)に計算します

334 $18+6\times4$ を計算しましょう。

たし算とかけ算がまじった式なので、かけ算を先に計算します。

$18+6\times4$（❶ 6×4、❷ $18+$）

$$18+\underline{6\times4}=18+24$$
$$=42$$

答え：42

335 $(45-9)\div4$ を計算しましょう。

ひき算とわり算ですが、(　　)のついたひき算を先に計算します。

$(45-9)\div4$（❶ $(45-9)$、❷ $\div4$）

$$\underline{(45-9)}\div4=36\div4$$
$$=9$$

答え：9

336 $28-6+4$ を計算しましょう。

ひき算とたし算なので、左から計算します。

$28-6+4$（❶ $28-6$、❷ $+4$）

$$\underline{28-6}+4=22+4$$
$$=26$$

答え：26

ポイント

複雑(ふくざつ)な計算では、先に計算の順序(じゅんじょ)を書いてから計算するとわかりやすくなります。

337 $(28-8\times2)\div4$ を計算しましょう。

(　)のある式なので(　)の中を先に計算しますが、(　)の中にはひき算とかけ算があるので、(　)の中のかけ算 8×2 が最初(さいしょ)になります。

$(28-8\times2)\div4$ ❶ 8×2 ❷ $28-$ ❸ $\div4$

$$(28-\underline{8\times2})\div4=(28-16)\div4$$
$$=12\div4$$
$$=3$$

答え：3

338 $36\div(4+2)\div3$ を計算しましょう。

(　)の中の $4+2$ を最初(さいしょ)に計算します。すると、わり算が2つ並(なら)ぶ式になりますので、左から順番(じゅんばん)に計算します。

$36\div(4+2)\div3$ ❶ $4+2$ ❷ $36\div$ ❸ $\div3$

$$36\div\underline{(4+2)}\div3=36\div6\div3$$
$$=6\div3$$
$$=2$$

答え：2

つまずきをなくす
ふり返り

小4-17 計算のきまり

339 $18 - 8 \div 2$ を計算しましょう。

ひき算とわり算のまじった式では ひき算・わり算 を先に計算します。

$18 - 8 \div 2 = 18 - \square$

$= \square$

答え：

340 $(13 + 7) \times 8$ を計算しましょう。

（　　）のある式では（　　）の 中・外 を先に計算します。

$(13 + 7) \times 8 = \square \times 8$

$= \square$

答え：

341 $60 \div 2 \times 3$ を計算しましょう。

わり算とかけ算なので、左・右 から順(じゅん)に計算します。

$60 \div 2 \times 3 = \square \times 3$

$= \square$

答え：

342 $(12+8\times5)\div4$ を計算しましょう。

（　　）のある式なので（　　）の中を先に計算しますが、その中にたし算とかけ算があるので、最初(さいしょ)に計算するのは 12＋8、8×5 です。

$(12+8\times5)\div4$

❶ 8×5　❷ $12+$　❸ $\div4$

$(12+8\times5)\div4$

$=(12+\square)\div4$

$=\square\div4$

$=\square$

答え：

343 $24\div4+(6+3\times5)\div7$ を計算しましょう。

$24\div4+(6+3\times5)\div7$

$=24\div4+(6+\square)\div7$

$=24\div4+\square\div7$

$=\square+\square$

$=\square$

計算の順序(じゅんじょ)を書いてみよう！

$24\div4+(6+3\times5)\div7$

答え：

小4-17 計算のきまり

次の計算をしましょう。　／10

344 $7 + 3 \times 10 =$ ＿＿＿＿＿＿

345 $16 \div 4 - 2 =$ ＿＿＿＿＿＿

346 $(7 - 3) \times 6 =$ ＿＿＿＿＿＿

347 $8 \times (5 + 6) =$ ＿＿＿＿＿＿

348 $84 - 27 - 17 =$ ＿＿＿＿＿＿

349 $48 \div 6 \times 2 =$ ＿＿＿＿＿＿

350 $(28 - 8 \div 2) \times 5 =$

351 $36 \div (6 \times 2) \div 3 =$

352 $24 \div 3 + 2 \times 5 =$

353 $60 - (18 - 8 \div 2) \times 3$
$=$

たしかめよう

次の問題に答えましょう。 ／6

354 $7 + 9 \times 5 =$

355 $(54 - 16) \div 2 =$

356 $(18 + 12 \div 3) \times 5 =$

357 $12 \times 6 - 8 \times 5 =$

358 $6 \times 5 - (8 + 2 \times 3) \div 2$

$=$

359 花子さんは500円玉1まいを持って買い物に行き、1本80円のボールペンを3本買いました。おつりを求(もと)める式を1つの式で書きましょう。またおつりはいくらか答えましょう。

式：

答え：

西村則康（にしむら　のりやす）
名門指導会代表　塾ソムリエ
教育・学習指導に40年以上の経験を持つ。現在は難関私立中学・高校受験のカリスマ家庭教師であり、プロ家庭教師集団である名門指導会を主宰。「鉛筆の持ち方で成績が上がる」「勉強は勉強部屋でなくリビングで」「リビングはいつも適度に散らかしておけ」などユニークな教育法を書籍・テレビ・ラジオなどで発信中。フジテレビをはじめ、テレビ出演多数。
著書に、「つまずきをなくす算数・計算」シリーズ（全7冊）、「つまずきをなくす算数・図形」シリーズ（全3冊）、「つまずきをなくす算数・文章題」シリーズ（全6冊）、「つまずきをなくす算数・全分野基礎からていねいに」シリーズ（全2冊）のほか、『自分から勉強する子の育て方』『勉強ができる子になる「1日10分」家庭の習慣』『中学受験の常識 ウソ？ホント？』（以上、実務教育出版）などがある。

追加問題や楽しい算数情報をお知らせする『西村則康算数くらぶ』のご案内はこちら ➡

執筆協力／高野健一（名門指導会算数科主任）、辻義夫、前田昌宏（中学受験情報局　主任相談員）

装丁／西垂水敦（krran）
本文デザイン・DTP／新田由起子（ムーブ）・草水美鶴
本文イラスト／さとうさなえ
制作協力／加藤彩

つまずきをなくす
小4　算数　計算【改訂版】

2020年11月10日　初版第1刷発行
2024年 5 月10日　初版第3刷発行

著　者　西村則康
発行者　淺井　亨
発行所　株式会社 実務教育出版
〒163-8671　東京都新宿区新宿1-1-12
電話　03-3355-1812（編集）　03-3355-1951（販売）
振替　00160-0-78270

印刷／精興社　　製本／東京美術紙工

　ISBN978-4-7889-1975-4　C6041　Printed in Japan